KB102056

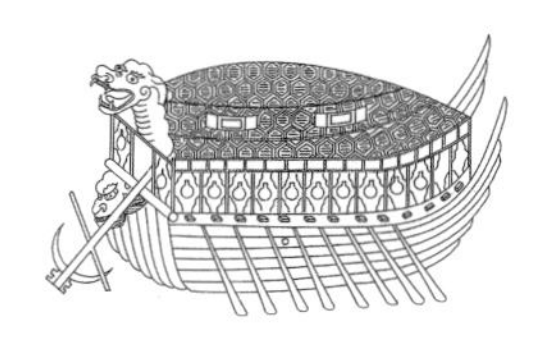

수학으로 다시 보는

난중일기

수학 스토리텔링의 명장 이광연 교수와 민족의 영웅 이순신 장군이 만났다!

수학으로 다시 보는 난중일기

이광연 지음

살림Friends

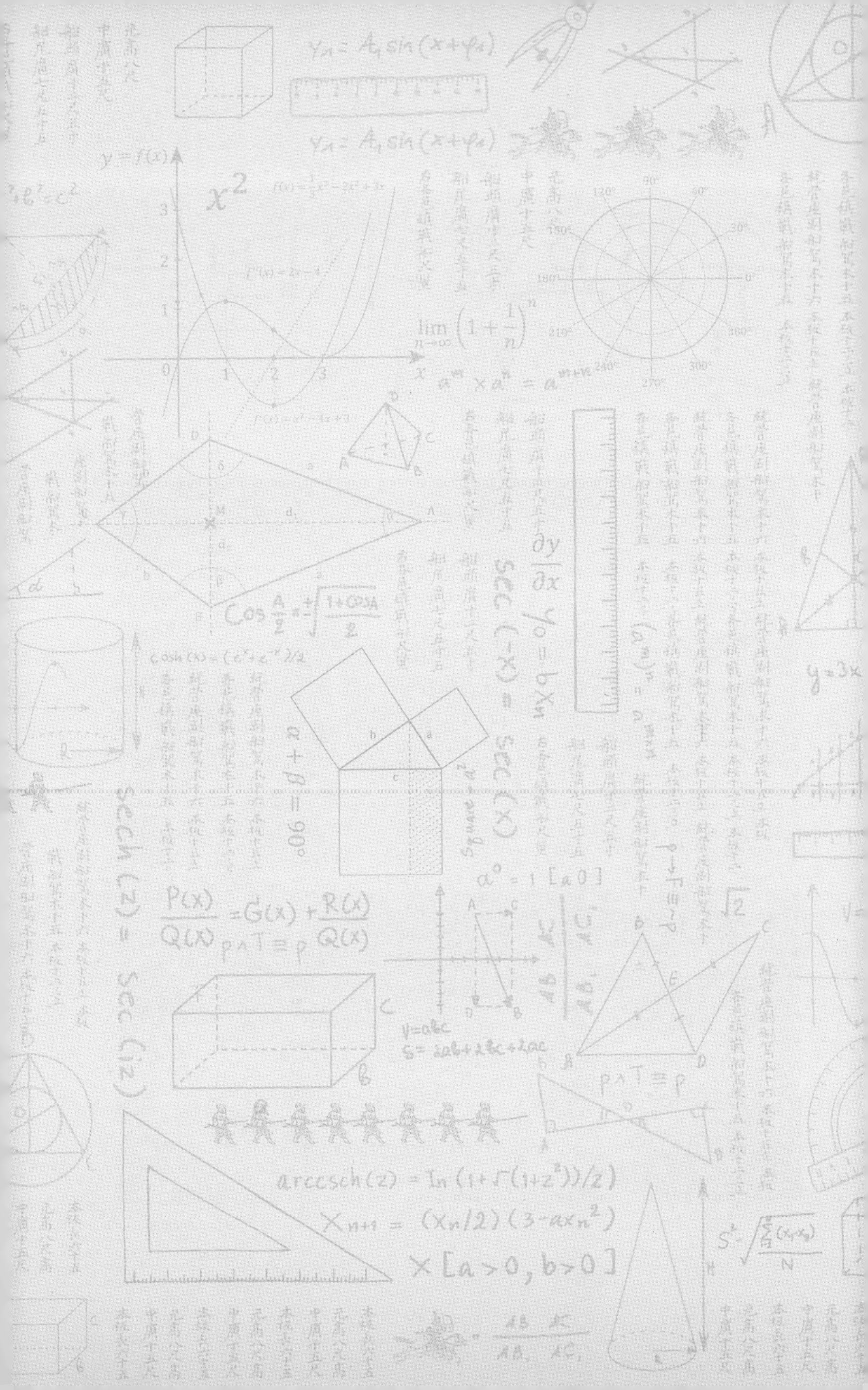

머리말

『난중일기(亂中日記)』는 이순신 장군이 임진년(1592년 1월 1일)부터 노량해전(1598년 11월 17일)에서 전사하기 전날까지 2,539일 동안 있었던 여러 가지 일을 적은 일기다. 『난중일기』라는 이름은 이순신 장군이 전사하고 200여 년이 지난 정조 19년인 1795년에 『이충무공전서(李忠武公全書)』를 편찬할 때 편찬자가 붙인 것이다. 정조의 명으로 만들어진 『이충무공전서』는 모두 14권이다. 이 가운데 5~8권까지 이순신 장군의 일기가 수록되어 있다. 그런데 이 일기에는 2,539일 가운데 1,593일 치만 있고 946일간의 기록은 없다. 없는 부분은 이순신 장군이 왜군과 전투 중이었거나 모함을 받아 옥에 있던 기간이다.

우리는 『난중일기』로부터 이순신 장군이 어떻게 왜군과의 싸움을 모두 승리로 이끌었는지 알 수 있다. 오늘날 장군의 전술은 세계적으로 뛰어나다는 평가를 받고 있다. 학익진과 거북선을 이용한 전략은 다른 나라의 여러 전투에서 활용되기도 했다. 그리고 우리는 전술과 전략이 상세히 기록되어 있는 『난중일기』에서 수학적 내용을 많이 발견할 수 있다.

임진왜란 중 이순신 장군은 뛰어난 전술은 물론 탁월한 통솔력에 의한 용병 작전으로 항상 승리했다. 승리의 바탕에는 조선의 특수한 수군 제도와 거북선 및 화포와 같은 병기를 보유했다는 점이 깔려 있다. 특히 학익진과 같은 새로운 전법을 성공적으로 이끌 수 있도록 보이지 않게 도운 조선의 산학자가 있었다.

조선 시대 산학 제도에는 훈도라는 하급 관리가 있었다. 이들은 조선 시대의 수학자로 중인 계급이었으며 중앙과 지방의 향교·관아에 배치되어 있었다. 그래서 훈도는 조선 수군의 조직에도 있었다. 그들이 각종 계산을 담당했다는 것은 여러 가지 자료로 알 수 있다.

조선 시대에는 산학자뿐만 아니라 많은 수학책이 있었다. 당시 수학책에는 멀리 떨어진 바다에서 섬까지의 거리를 구하는 방법인 '망해도술'도 소개되어 있다. 이순신 장군은 임진왜란 때 학익진과 같은 새로운 전법으로 왜군을 물리쳤다. 학익진 전법에서는 조선의 판옥선과 왜선 사이의 거리를 정확히 측량해야 화포의 명중률을 높여 이길 수 있었다. 그런데 그 바탕에 산학자가 있었던 것이다.

원래 이 책을 『난중일기』 중에서 수학적인 내용을 선별하여 조선 시대의 수학으로 풀어내려고 계획했다. 그러나 조선 시대의 수학이 오늘날의 수학과는 표현 방법이 많이 다르기 때문에 일반인이 이해하기 쉽지 않을 것이라고 생각했다. 그래서 부득이 당시 수학책의 내용을 현대적으로 해석하여 누구라도 쉽게 읽을 수 있도록 정리했다.

이 책의 내용이 흥미 위주이기는 하나 『난중일기』에 기록되어 있는 사실을 가능하면 원본 그대로 사용했다. 그래서 읽기에 어색한 부분도 있을 수 있다. 이 책에 나오는 인물과 상황 등은 모두 『난중일기』에 기록되어 있는 내용을 토대로 했지만, 등장인물들의 대화나 수학적인 내용을 설명하는 장면은 필자가 만든 허구 상황이다.

끝으로 이 책이 나오기까지 많은 관심과 지속적인 도움을 주신 살림출판사의 편집진에게 감사를 드린다.

충무공 이순신 장군 탄신 471주년인 2016년에

이광연

차례

월전 장우성 화백의 그림으로 현충사에 봉안된 영정이다. 1973년 표준 영정으로 지정되어, 우리에게 가장 널리 알려진 이순신 장군의 모습 중 하나다. -문화재청 현충사관리소 제공

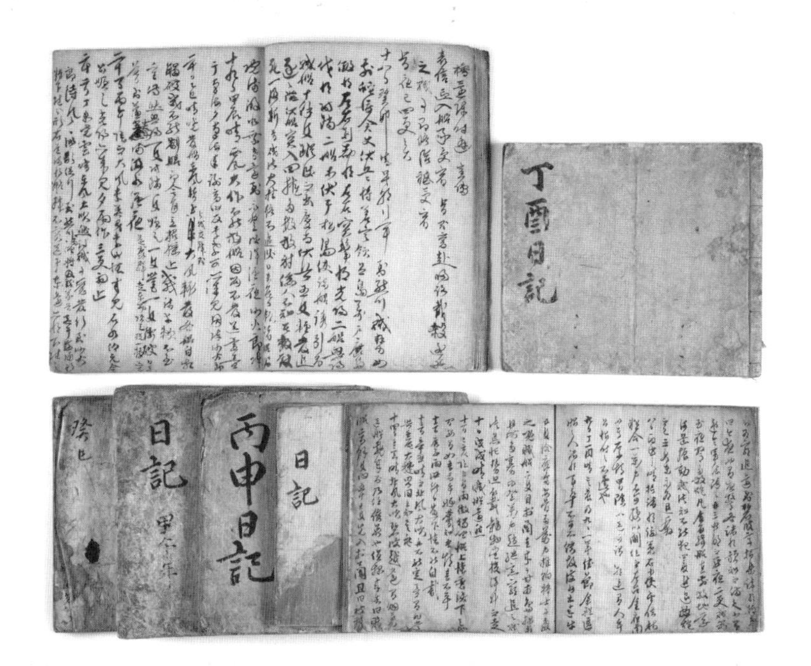

원래는 특별한 이름이 붙지 않았으나 정조 때 『이충무공전서』를 펴내면서 이순신 장군의 일기를 실었다. 그리고 편의상 『난중일기』라 이름 붙였는데 지금까지 이어지게 되었다. –문화재청 현충사관리소 제공

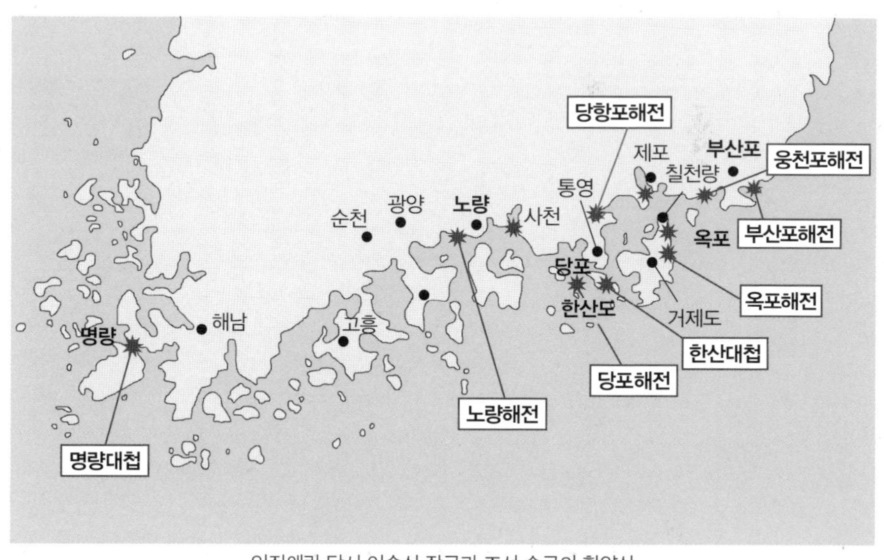

임진왜란 당시 이순신 장군과 조선 수군의 활약상

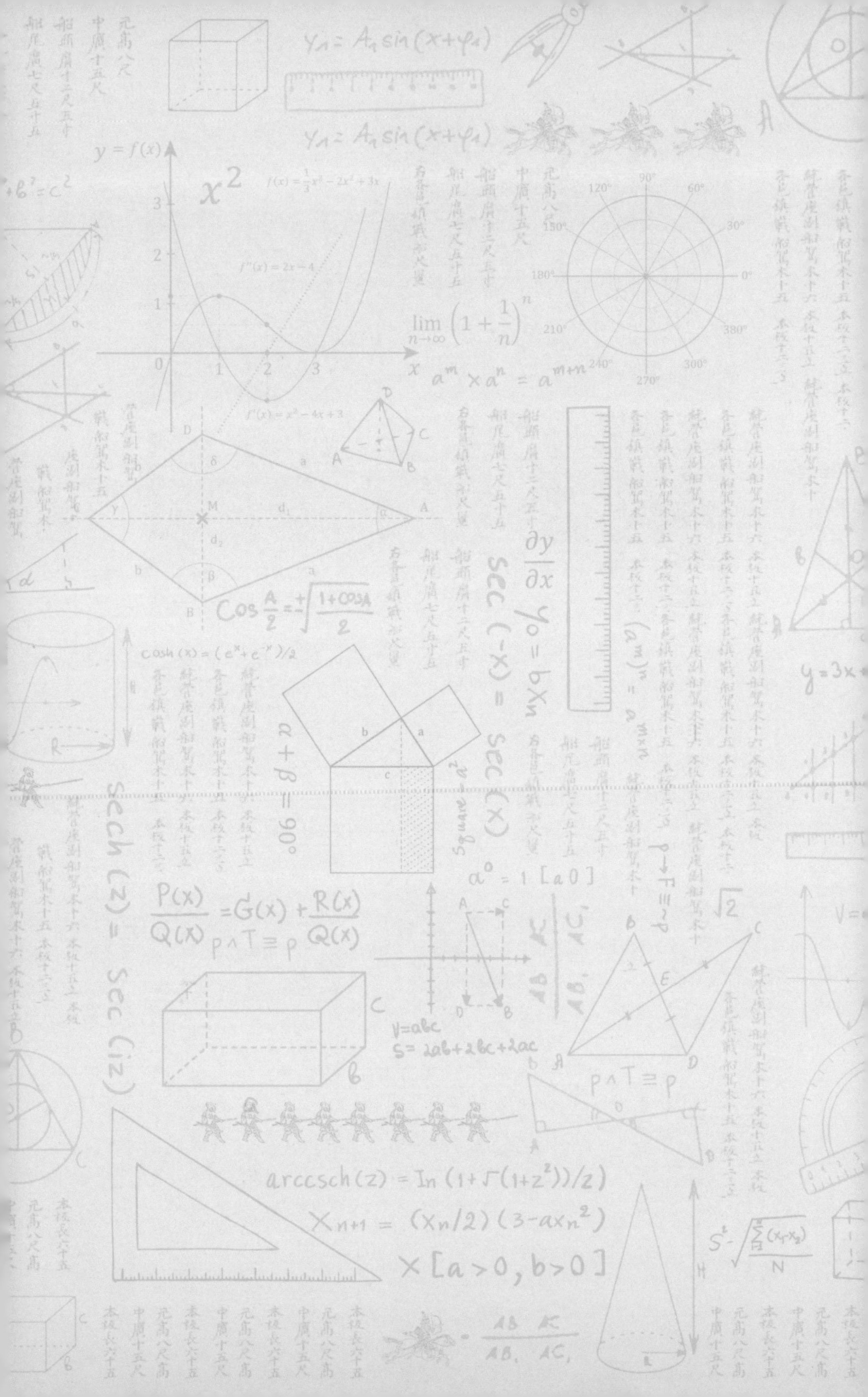

1

임진년(1592년) 1월

조선의 수학자 도훈도와 망해도술

작년 2월 진도군수로 임명됐으나 부임하기도 전에 가리포(오늘날의 완도) 첨사로 전직됐다. 또 이것도 부임하기 전인 12일에 정삼품 전라좌

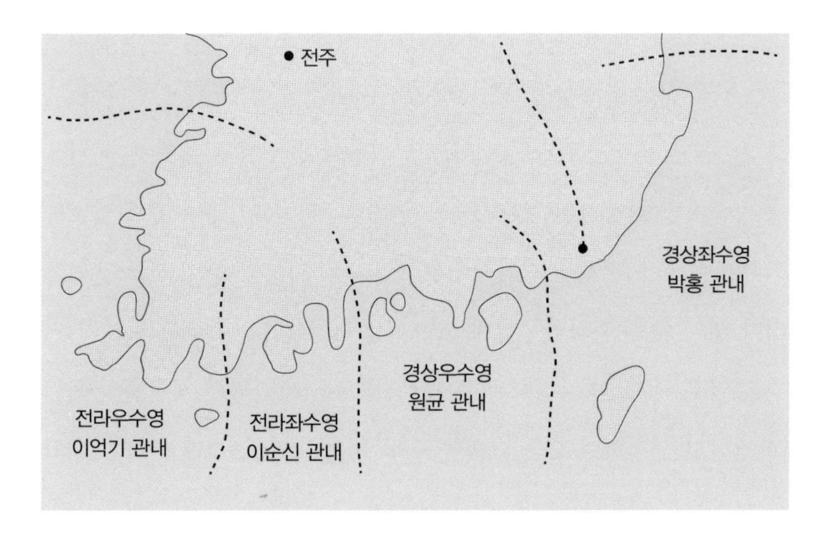

도수군절도사(무관 벼슬)로 부임하게 됐다. 이는 임금께서 나로 하여금 나라의 방비를 굳건히 하시고자 하는 것이리라.

내가 맡은 전라좌수영은 이억기 장군의 전라우수영과 원균 장군의 경상우수영의 사이에 있으며 광양현, 방답진, 흥양현, 발포진, 녹도진, 보성군을 아우르는 전라도를 지키는 길목이다. 만약 적에게 이 지역을 내어 준다면 곡창지대를 빼앗기는 꼴이 되고 나라의 존망이 위협받게 된다. 상황이 이러하니 전라좌수사로서 나의 임무는 실로 막중하다. 그러나 내가 처음 전라좌수영에 도착했을 때 제대로 된 배와 무기가 거의 없었다. 일이 이 지경에 이른 것은 각 고을의 관리와 색리들의 책임이 크다고 생각하여 오늘 그들을 모두 불러 모았다. 그래서 각 고을의 벼슬아치와 색리들이 인사를 하러 전라좌수영에 왔다.

여러 군영 가운데 특히 방답진의 군관들과 색리들이 그들의 병선을 수리하지 않았기 때문에 야단을 쳤다. 방답진의 책임자가 이런 상황을 점검하지 않아서 이 지경까지 된 것이니 해괴하기 짝이 없다. 공무를 어줍지 않게 여기고, 제 몸만 살찌우려고 하니 앞날이 캄캄하다. 특히 방답진의 우후는 배에 대하여 아는 것이 별로 없다는 듯 나에게 물었다.

"우리 수군의 배는 어떤 특징이 있는지요?"

답답함을 누르고 대답했다.

"우리의 주요 군선인 판옥선은 지금부터 37년 전인 1555년에 새로 개발된 전투만을 위한 배다. 기존의 배는 전투뿐만 아니라 전국에서 세금으로 거둔 쌀이나 각종 곡물을 실어 나르는 역할을 하지만 판옥선은 외침에 대응하기 위한 전투선이다. 특히 판옥선은 갑판 위에 다시 갑판을 올린 2층 구조로 되어 있어 높은 곳에서 적선과 마주할 수 있기 때문에 전투에서 매우 유리하다."

"판옥선이 높다는 점 이외에 특히 좋은 점이 있습니까?"

"판옥선은 여러 가지 좋은 점이 있다. 첫 번째 장점은 비전투원과 전투원을 각각 1층과 2층으로 갈라놓기 때문에 비전투원인 격군(사공을 보조하는 선원)을 보호할 수 있다는 것이다. 군선의 탑승원은 전투력을 가진 전사와 노역 기타 잡역을 담당하는 비전투원인 격군으로 나뉜다. 대개는 전사보다 격군의 수가 많다. 격군 중에서도 특히 노를 젓는 사람의 수가 현저하게 많은데, 해전에서는 무엇보다도 배의 속력과 자유자재로 움직일 수 있는 기동성이 매우 중요하기 때문이다.

판옥선의 가장 큰 특징 중 하나는 배의 밑바닥이 평평하고 갑판이 2층으로 되어 있다는 점이다.
–문화재청 현충사관리소 제공

두 번째 장점은 판옥선의 포수와 궁수들은 높은 상갑판 위에서 적선을 내려다보며 공격할 수 있다는 것이다.

세 번째는 적이 접근하여 배에 뛰어들기가 어렵게 되어 있다는 것이다. 이런 판옥선의 모양새는 우리의 해전 전술과 관련이 있다. 왜의 수군은 빠르게 접근해서 상대의 배에 뛰어들어 병사끼리 일대일로 맞서 싸우는 백병전을 주요 전술로 쓴다. 반면 우리 수군의 전술은 어느 정도의 거리를 두고 활로 적을 사살하고 불화살을 쏘아 배를 태워 버리거나 포탄을 발사하여 격침시키는 것이다. 즉, 조선 수군의 주요 전술은 궁술전과 포술전이다. 이때 중요한 점이 바로 활과 포의 유효사거리와 적선까지의 정확한 거리다."

"거리를 구하려면 수학을 잘해야 하는데, 전 수학을 잘 못합니다."

"하하하. 우후는 걱정하지 말라. 우리 수군에는 전문 수학자인 도훈도(都訓導)가 각 판옥선마다 적어도 한 명씩 타고 있다. 그들이 판옥선에서 적선까지의 거리를 쉽게 구할 것이다."

나는 군관에게 일러 판옥선에 함께 타게 될 수학자인 도훈도를 데려오게 했다. 곧 군관과 함께 도훈도가 도착했다. 나는 도훈도에게 명했다.

"우리 수군이 적선까지의 거리를 알아내는 방법을 방답진의 우후에게 간단히 설명해 드리거라."

그러자 도훈도가 그림을 그려 가며 이에 대하여 설명했다.

"조선의 여러 가지 수학책에는 주어진 거리를 구하는 문제들이 많이 소개되어 있습니다. 이런 문제들의 내용과 구성 그리고 풀이 방법은 서로 비슷합니다. 그리고 이런 문제를 풀기 위해서는 무엇보다도 삼각형의 닮음에 대하여 알아야 합니다. 즉, 아래 그림의 닮은 두 삼각형 ABC와 ADE에 대하여 각각 대응하는 변의 길이의 비는 같으므로 $\overline{AB}:\overline{AD}=\overline{BC}:\overline{DE}=\overline{AC}:\overline{AE}$와 같은 식이 성립합니다. 이와 같

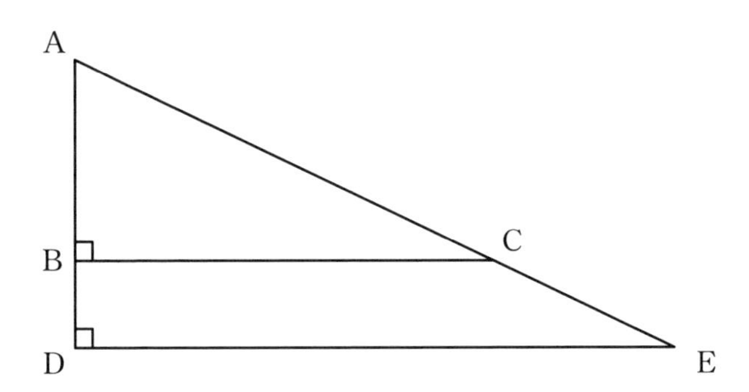

은 삼각형의 닮은비를 이용하면 판옥선에서 적선까지의 정확한 거리를 구할 수 있습니다."

"우후는 도훈도의 설명을 이해할 수 있겠소?"

내가 묻자 그는 이해하기 힘들다며 고개를 절레절레 흔들었다. 그러자 도훈도가 다시 설명을 이어 갔다.

"예를 들면 조선의 산학서에 다음과 같은 문제가 있습니다."

> 지금 대나무가 서 있는데, 그 길이를 알지 못한다. 다만 대나무 밑에서 2장 8자 물러나서 1장의 푯말을 세우고 푯말 뒤로 또 8자 물러나서 눈을 땅에 붙이고 바라보니 대나무의 끝이 푯말의 끝과 함께 나란히 짝을 이루어 가지런하다고 한다. 대나무의 높이는 얼마인가?

"이 문제는 대나무의 길이를 보조 도구인 푯말의 길이를 이용하여 구하는 것입니다. 그리고 이것은 앞에서 설명한 직각삼각형의 닮음을 이용한 것입니다. 다음 그림과 같이 대나무를 선분 AB, 푯말을 선분 FE라 하면 직각삼각형 ABC의 높이 AB를 구하는 문제이지요."

도훈도가 직각삼각형을 그려 우후에게 설명하자 그는 조금씩 이해하기 시작하는 듯했다. 그러자 도훈도는 더욱 열심히 설명했다.

"닮은 직각삼각형 FEC와 ADF로부터 $\overline{EC}:\overline{DF}=\overline{FE}:\overline{AD}$이므로 선분 AD의 길이를 다음과 같이 구할 수 있습니다."

$$\overline{AD}=(\overline{DF}\times\overline{FE})\div\overline{EC}=(28\times10)\div8=35\,(\text{자})$$

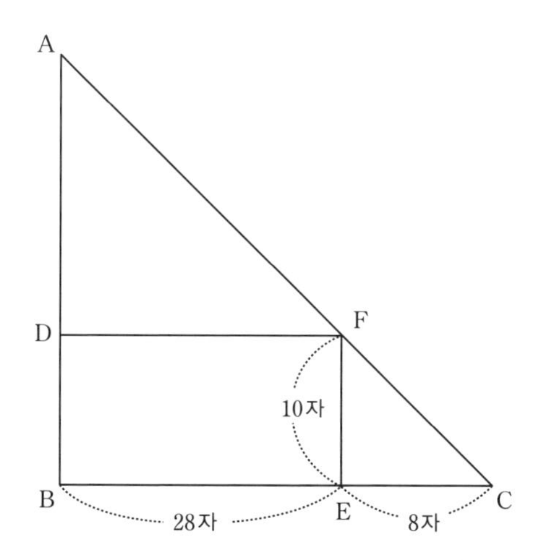

"그렇다면 대나무의 높이는 여기에 푯말의 길이 1장, 즉 10자를 더한 45자가 되는군요. 이를 다시 장으로 바꾸면 4장 5자이고요."

"그렇습니다. 이번에는 지평선까지의 거리를 재는 '이표측지평원(以表測地平遠)'이라는 방법에 대해 알려드리겠습니다."

도훈도는 다시 우후에게 지평선까지의 거리를 측정하는 문제를 설명했다. 도훈도가 말한 조선의 산학서에 나와 있는 문제의 풀이 방법은 다음과 같다.

갑에서 갑을의 길이를 재고자 한다면, 지평선에 병갑인 표를 세운다. 반걸음 물러서서 무에서 바라보면 눈은 정에 있고 표의 끝 병과 을을 일직선으로 바라본다. 다음에 병으로 움직여서 정기의 길이를 잰다. 정기를 수율로 삼고, 갑무는 차율로 삼고, 병갑인 표의 길이는 삼율로 삼아 계산해서 갑을의 거리를 구한다.

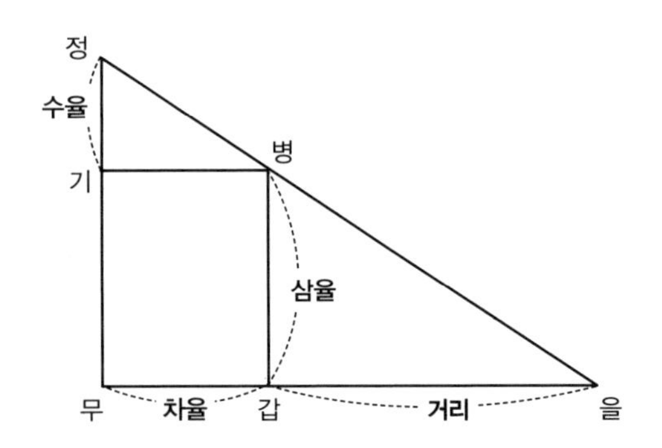

"직각삼각형의 닮음비를 이용하여 위의 내용을 간단히 하면 다음과 같은 비례 관계가 있음을 알 수 있습니다. 그리고 이와 같은 방법을 이용하면 일정한 장소에서 원하는 장소까지의 거리를 측정할 수 있습니다. 즉, '수율:차율=삼율:거리'입니다."

도훈도와 우후의 대화가 한창 무르익을 때 내가 도훈도에게 말했다.

"이제 우후에게 바다에서 거리를 측정하는 망해도술(望海島術)에 대하여 설명해 주게."

"예. 망해도술과 관련된 많은 문제가 있는데 오늘은 하나만 소개해 드리지요."

"그런데 망해도술이 무엇입니까?"

우후가 묻자 내가 대답했다.

"망해도술은 바다에 나아가 배 또는 섬에서 다른 섬까지의 거리를 측량하는 방법이지. 우리 배에서 적선까지 거리를 구할 때도 쓴다네."

그러자 도훈도가 망해도술에 대한 문제를 하나 소개했다.

지금 바다에 섬이 있으나 그 높이와 거리를 모른다. 이제 길이가 4장인 푯말을 세우고 70장을 물러서서 다시 4자의 짧은 푯말을 세워 바라보니 두 개의 푯말의 끝과 섬 봉우리 끝이 직선으로 보였다. 여기서(첫 번째 푯말이 놓인 곳) 600장을 물러서서 다시 4장의 푯말을 세우고 72장을 물러서서 다시 4자의 짧은 푯말을 세워 바라보니 두 푯말의 끝과 섬 봉우리의 끝이 직선으로 보였다(즉, 길이가 4장인 푯말 두 개 사이의 거리가 600장이다). 섬의 높이와 섬까지의 거리는 얼마인가?

문제를 낸 도훈도는 우후가 문제를 해결하지 못할 것임을 알고 곧바로 문제의 풀이 방법을 설명하기 시작했다.

"이 문제에서 길이가 4장인 푯말에서 섬의 봉우리 끝까지의 길이를 x, 첫 번째 푯말에서 섬까지의 거리를 y라 하고 그림으로 나타내면 다음과 같습니다."

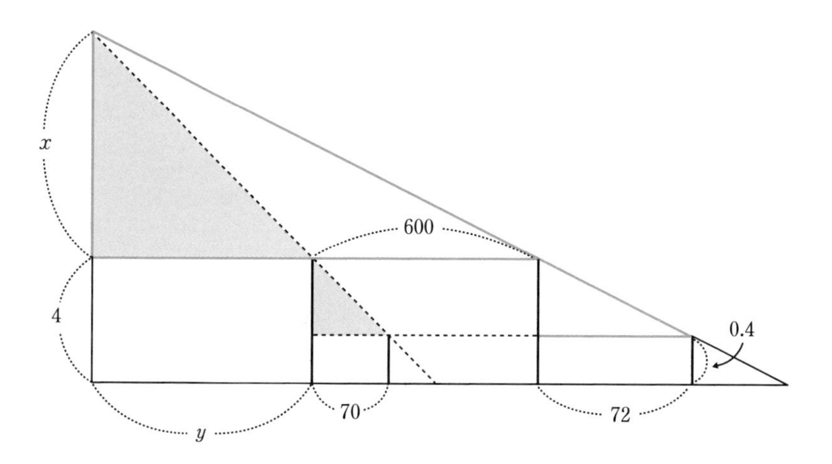

도훈도는 그림을 그려서 이 문제를 우후에게 설명해 줬는데, 그의 설명은 대략 다음과 같았다. 문제와 같이 두 개의 푯말을 세워서 얻은 값의 차를 이용하는 문제를 '중차'라 한다.

위의 그림에서 두 쌍의 닮은 직각삼각형을 찾을 수 있다. 따라서 다음과 같은 비례식을 얻을 수 있다.

$$x : y = (4 - 0.4) : 70$$
$$x : (y + 600) = (4 - 0.4) : 72$$

위의 두 식으로부터 다음과 같은 연립일차방정식을 얻을 수 있다.

$$\begin{cases} 70x = 3.6y \\ 72x = 3.6(y + 600) \end{cases}$$

이 연립일차방정식을 풀면 다음을 얻는다.

$$x = \frac{3.6 \times 600}{72 - 70} = 1080$$
$$y = \frac{70 \times x}{3.6} = \frac{70 \times 1080}{3.6} = 21000$$

따라서 섬의 높이는 $x + 4 = 1{,}084$장이고, 섬까지의 거리는 21,000장이다. 1리가 180장이므로 이것을 180으로 나누면 각각 섬의 높이는 6리 4장이고, 섬까지의 거리는 116리 120장이다.

도훈도의 설명을 들은 우후는 아직도 이해하기 힘들다는 듯 고개를 설레설레 흔들었다.

"너무 어려워할 것 없다. 각 판옥선에 탄 도훈도가 적선까지의 거리와 대포의 탄환이 날아가는 궤도를 수학적으로 계산하여 알려 줄 것이다. 우후는 어서 배를 수리하고 나의 명령을 기다리고 있으라."

나와 도훈도의 간단한 설명을 들은 각 지역의 관리들이 모두 자신의 군영으로 돌아갔다. 만일 우리 장수와 군관이 모두 방답진 우후와 같다면 실로 우리나라의 앞날은 풍전등화와 같이 위태로울 것이다. 그러나 대부분의 관리들은 기본적으로 수학을 공부했으므로 크게 걱정하지 않았다. 설령 그들이 수학을 모른다고 하더라도 우리에게는 전문 수학자인 도훈도가 있다.

우리 수군은 각도에 수군절도사를 두고 그 아래 첨사를 두고, 그 아래 만호를 두고 있다. 내가 취임한 전라도는 좌수영과 우수영, 두 수영을 두었는데 그중 좌수영은 순천 오동포(현 여수)에 본영을 두고 그 관하에 오관과 오포가 있다. 특히 각 진영의 군관은 배를 지휘하는 선장, 신호용 깃발을 담당하는 기패관, 도둑이나 범죄자를 관리하는 포도관, 훈육을 담당하는 훈도관이 있다. 이 중에서 훈도관은 우리 수군의 편제에서 잘잘못을 가르쳐서 일을 잘하도록 관리하는 하급 관리로 도훈도라고 부른다. 도훈도는 판옥선 내에서 잡다한 행정 실무를 총괄하는 직책으로 전선 운행, 전투와 관련된 임무를 맡고 있다. 이들은 각 수영에서 수학과 관련된 잡다한 일을 처리하는 전문 수학자로서 배의 항로나 적선까지의 거리를 측량한다. 만약 왜적이 쳐들어온다면 도훈도의 역할은 실로 막중할 것이다.

2

임진년 3월

백발백중, 확률의 정의

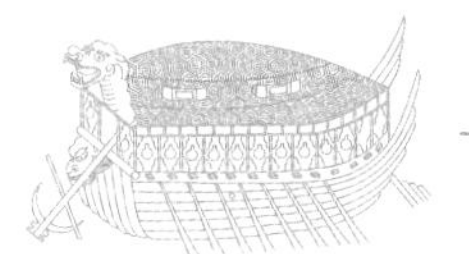

비가 오는 저녁나절에 각 관아의 회계를 따졌는데, 순천 관내를 수색하는 일이 제 날짜에 이루어지지 않았다. 이 때문에 순천의 도훈도를 문책했다. 일을 미치고 사도첨사 김완에게 다음 날 만날 일로 편지를 썼다. 몸이 몹시 불편하여 일찍 잠자리에 들었다.

잠을 푹 자서 그런지 몸은 어제 보다 많이 좋아졌다. 아침에 김완의 답이 왔는데, 한나절 동안에 내(內)나로도와 외(外)나로도, 대(大)평대두와 소(小)평대두 섬을 모두 혼자서 수색했다고 한다. 혼자서 그 넓은 지역을 한나절에 수색했다는 것은 엉터리 거짓말이다. 이를 바로잡기 위하여 흥양현감 배흥립과 김완에게 모두 공문을 보냈다. 공문을 받은 이들은 점심이 한참 지난 후에 전라좌수영에 도착했다. 김완에게 이와 같이 보고한 자초지종을 물었다. 그러자 김완은 자신의 잘못을 인정하고 용서를 구하기에 그를 용서했다. 문책을 받고 기분이 가라앉은 김완을 북돋아 주기 위하여 함께 활을 쏘자고 제안했다.

"본래 우리 수군의 기본 전술은 먼 거리에서 포로 적선을 공격하고, 적과 가까워지면 활을 쏘는 것이오. 그러니 활쏘기를 게을리하지 말아야 합니다."

그러자 배흥립이 말했다.

"그렇다면 오늘 장군의 실력을 한번 보여 주시지요."

"그럽시다."

나는 배흥립, 김완과 더불어 활쏘기 연습을 시작했다. 순서를 정하여 한 순씩 번갈아 가며 쏘는데, 한 순당 5발이다. 먼저 내가 쏘고 배흥립과 김완이 이어서 쐈다. 우리는 각자 10순을 쐈다. 나는 처음 다섯 순은 모조리 과녁에 명중시켰고, 두 순은 네 번, 세 순은 세 번을 명중시켰다. 배흥립은 네 순은 모조리 명중시켰고, 세 순은 네 번, 세 순은 세 번을 명중시켰다. 김완은 네 순은 모조리 명중시켰고, 두 순은 네 번, 네 순은 세 번 명중시켰다. 그러자 김완이 물었다.

"장군. 우리 셋 중에서 누구의 실력이 가장 뛰어나다고 할 수 있습니까?"

"그건 과녁을 명중시킨 확률을 각각 계산해 보면 알 수 있소."

"확률이라고요?"

"확률은 어떤 일이 일어날 수 있는 가능성의 정도를 말하는 것이오. 가능성이 높으면 그 일이 자주 일어나고, 가능성이 낮으면 그 일이 적게 일어나는 것이지요."

내가 확률의 정의를 김완에게 설명하자 배홍립이 나섰다.

"이를테면 오늘과 같이 활을 쏘았을 때 과녁에 명중할 가능성이 어느 정도인지를 확률로 알 수 있다는 말이오."

"그렇다면 확률을 어떻게 구합니까?"

김완의 질문에 나는 차근히 확률에 대하여 설명했다.

"확률은 모든 경우의 수에 대한 어떤 사건이 일어날 경우의 수를 비율로 구할 수 있소. 즉, '어떤 사건이 일어날 경우의 수'를 '모든 경우의 수'로 나누어 구하지요. 이것을 식으로 나타내면 다음과 같소."

$$(\text{확률}) = \frac{(\text{어떤 사건이 일어날 경우의 수})}{(\text{모든 경우의 수})}$$

그러자 김완이 물었다.

"경우의 수는 무엇입니까?"

그러지 배홍립이 말했다.

"실험이나 관찰에 의하여 일어나는 사건의 가짓수를 경우의 수라고 합니다."

"사건이요? 범죄를 말씀하시는 것인가요?"

나와 배홍립은 김완의 말에 크게 웃음을 터뜨렸다. 그러나 김완은 진지한 표정을 짓고 있었다. 나는 사건의 뜻을 설명했다.

"하하하. 사도참사, 여기서 사건이란 범죄를 말하는 것이 아닙니다. 예를 들어 한 개의 주사위를 던질 때 3 이하의 눈이 나오는 경우는 1, 2, 3의 세 가지고, 5이상의 눈이 나오는 경우는 5, 6의 두 가지지요. 여기서 '3 이하의 눈이 나온다', '5 이상의 눈이 나온다' 등과 같이 실험이나 관찰에 의하여 일어나는 결과를 사건이라고 하지요."

그러자 배흥립이 말했다.

"그렇습니다. 간단히 말해서 경우의 수는 어떤 일이 몇 번 일어날까를 세는 것이지요. 예를 들어 가위바위보에서 사람마다 낼 수 있는 경우의 수는 가위, 바위, 보로 세 가지이지요. 이때 사람이 2명이면 모든 경우의 수는 3×3=9이고, 4명이면 3×3×3×3=81가지입니다."

그러자 김완이 고개를 끄덕이며 말했다.

"그렇군요. 예를 들어 주사위 한 개를 던졌을 때, 나오는 면의 경우의 수는 6이라고 가정합시다. 이 중에서 짝수는 2, 4, 6, 홀수는 1, 3, 5이겠지요. 그러니 짝수의 눈이 나오는 사건의 경우의 수는 3이고, 홀수가 나오는 사건의 경우의 수도 3이겠군요."

나와 배흥립이 고개를 끄덕이자 김완이 다시 말했다.

"그렇다면 우리가 화살을 쏜 것도 사건이므로 경우의 수를 구할 수 있겠군요."

"그렇지요. 경우의 수를 구할 수 있으면 바로 확률도 구할 수 있소이다."

내가 맞장구를 치자 김완은 우리가 쏘았던 활에 대한 확률을 구하기 시작했다.

"각자 10순을 쏘았으므로 모두 50발씩 쏘았군요. 그 가운데 절도사께서 5×5+4×2+3×3=42발을 명중시켰고, 흥양현감께서는 5×4+4×3+3×3=41발을 명중시켰습니다. 그리고 저는 5×4+4

$\times 2+3\times 4=40$발을 명중시켰습니다. 여기서 모든 경우의 수는 50이므로 과녁에 명중시킬 확률을 구하면 $\frac{42}{50}$, $\frac{41}{50}$, $\frac{40}{50}$이군요."

"하하하. 사도첨사는 수학에 소질이 있나 보오. 금방 확률을 이해하는군요."

내가 그를 칭찬하자 김완은 어깨를 으쓱거리며 말했다.

"별말씀을 다 하십니다. 제가 두 분의 말씀을 듣다 보니 어떤 사건이 일어날 확률을 p라고 하면 $0\leq p\leq 1$이더군요. 왜냐하면 확률은 일어날 수 있는 모든 경우의 수로 일어난 경우의 수를 나누는 것이기 때문입니다. 이를테면 백발백중(百發百中)은 100발의 활을 쏘아 모두 명중시키는 경우이므로 확률이 1이지요. 그러나 천재일우(千載一遇)는 $\frac{1}{365000}$이고 이는 0보다는 크지요."

"잠깐만요. 사도첨사께서는 천재일우의 확률을 잘못 계산하신 것 같습니다. 천재일우의 확률은 $\frac{1}{1000}$이 아닙니까?"

배흥립이 말하자 김완이 입가에 미소를 띠며 대답했다.

"제가 천재일우와 백발백중에 대하여 잠시 설명을 드리지요. 천재일우는 '아주 귀중한 만남이나 그 만남의 기회'를 말하며 유래는 이렇습니다."

김완의 설명에 의하면 천재일우의 유래는 이랬다.

동진의 학자로서 동양태수를 지낸 원굉은 여러 문집에 시문 300여 편을 남겼다. 특히 그는 『삼국명신서찬』이라는 글을 썼는데, 이것은 『삼국지』에 실려 있는 건국 명신 20명을 찬양하는 시와 서문을 쓴 글이다. 원굉은 그중 위나라의 순문약을 다음 글과 같이 찬양했다.

여전히 백락을 만나지 못했다면

천 년이 지나도 천리마는 없으리라.

만 년에 한 번 기회가 오는 것은

인생의 일반적인 법칙이며,

천 년에 한 번 만나는(千載一遇) 것은

현자와 지혜로운 자의 아름다운 만남이다.

그 만남에는 기쁨이 없을 수 없는 것인데,

그 기회를 잃는다면 어찌 개탄치 아니하리오.

순문약은 삼국 시대에 조조의 참모로 활약했으나 조조에게 역심이 있음을 알고 반대하다가 배척당한 강직한 인물이었다. 백락은 주나라 사람으로 명마를 잘 식별하는 사람이다. 원굉은 이 글에서 백락을 뛰어난 인물을 알아보는 눈을 가진 임금에 비유했고, 천리마는 탁월한 능력을 갖춘 명신으로 비유했다. 이러한 임금과 신하의 만남은 '천 년 만에 오는 기회'라는 것이다.

"천 년 만에 오는 기회라면 어느 정도의 기회일까요? 우선 기회가 1년마다 한 번씩 온다면 천재일우는 현감께서 말씀하신대로 $\frac{1}{1000}$ 입니다. 그러나 잡고자 하는 기회가 매일 찾아온다면, 1년은 365일이므로 기회를 잡을 확률은 $\frac{1}{365000}$이 되지요."

"그렇군요. 제가 그것을 착각했군요. 그럼 백발백중의 유래도 알고 계십니까?"

배홍립의 말에 김완은 계속해서 백발백중의 유래에 대하여 설명했다. 그에 따르면 백발백중은 『사기』에 나와 있는 말로 다음과 같은 유래가 있었다.

중국의 춘추 전국 시대 진나라의 장군 백기는 한나라와 위나라와의 전쟁에서 모두 승리했다. 백기는 이 여세를 몰아 위나라의 수도 양을 공격하려고 했다. 그러자 주나라의 난왕은 백기가 양을 빼앗은 후 장차 주나라를 공격할 것이라고 생각하여 미리 백기 장군에게 전쟁을 그칠 것을 설득하기 위해 이런 말을 전했다.

초나라에 사는 양유기라는 사람은 활을 잘 쏘았습니다. 그는 100보 떨어진 곳에서 활을 쏘아도 100번 쏘면 100번 다 맞추었습니다. 그가 활을 쏠 때면 구경하는 많은 사람들이 모두 양유기의 활 솜씨를 칭찬했습니다. 어느 날 양유기가 구경꾼들 앞에서 활을 쏘고 있는데 구경꾼 중에 한 사람이 말했습니다.
"당신은 활을 잘 쏘는군요. 당신에게 활 쏘는 법을 기르칠 만하겠어요."
이 말에 화가 난 양유기는 쏘던 활을 버리고 칼을 잡으며 말했습니다.
"당신은 어떤 방법으로 내게 활 쏘는 방법을 가르쳐 주겠는가?"
그러자 그 사람이 말했습니다.
"내가 한 말은 당신에게 활 쏘는 기술을 가르쳐 준다는 것이 아니었습니다. 그리고 100보 떨어진 곳에 있는 버들잎에 100발의 화살을 쏘아 100발 모두 명중시킨다고 해도 사람들이 잘 쏜다고 말하기 전에 그만두는 것이 좋습니다. 왜냐하면 만약 무리해서 계속 활을 쏘다가 기운이 떨어지고 팔 힘도 떨어지면 활도 기울고 화살도 빗나갈 것이기 때문입니다. 그러다가 화살이 하나라도 빗나가면 지금까지 백발백중이던 것도 다 소용없어질 것이오."

이 이야기는 백기 장군이 지금까지 승승장구하면서 다시 양을 공격해 빼앗으려고 하지만 만약 단번에 빼앗지 못한다면 지금까지의 공로가 수포로 돌아갈 것이니 전쟁을 그치는 것이 좋다고 권유한 것이다.

백발백중의 유래에 대한 김완의 설명이 끝나자 내가 배흥립에게 물었다.

"그렇다면 백발백중의 유래에서 화살 한 대가 빗나갈 확률은 얼마일까요?"

"백발백중의 유래에서는 양유기가 100발을 쏘아 모두 명중시킨 후 한 발을 더 쏘았을 경우를 말하고 있습니다. 따라서 101발을 쏘아 100발을 명중시킬 확률은 $\frac{100}{101} \fallingdotseq 0.99$ 입니다. 그러므로 한 발을 명중시키지 못할 확률은 $\frac{1}{101} \fallingdotseq 0.0099$입니다."

배흥립의 설명이 끝나자 김완이 말했다.

"결국 절도사의 명중 확률은 $\frac{42}{50}=0.84$고 우리의 명중 확률은 $\frac{41}{50}=0.82$, $\frac{40}{50}=0.80$이니 절도사께서 저희보다 훨씬 잘 쏘신다는 것을 알 수 있군요."

"흔들리는 배 위에서도 우리의 명중률을 더 높여야 하니 앞으로 더욱 열심히 활쏘기 연습을 합시다."

배흥립과 김완을 각자의 진영으로 돌려보내고 숙소로 돌아왔다. 몸이 좋지 않아 일찍 잠자리에 들었다.

3

임진년 4월

대포의 사정거리를 구하는 이차함수의 그래프

요즘 몸이 많이 불편했다. 이번 달 초에도 기운이 없고 어지러워 며칠 동안 잠도 제대로 자지 못했다. 하지만 언제 왜적이 쳐들어올지 모르므로 하루라도 공무를 소홀히 할 수 없어서 매일 무거운 몸을 이끌고 병사들을 훈련시켰다.

11일은 아침에 흐리더니 저녁에야 맑아졌다. 이날 순찰사 군관 남한이 배를 가져왔기에 비로소 거북선에 돛을 달 수 있었다. 남한은 거북선의 위용에 깜짝 놀랐다. 그래서 다음 날인 12일, 아침 식사를 마치고 그를 거북선에 태워 바다 한가운데로 나갔다. 이는 거북선에 설치된 대포인 지자총통과 현자총통을 시험 삼아 쏘아 보려는 것이었다.

사실 거북선은 적선과 충돌하여 적선을 깨뜨려 침몰시키는 돌격선이다. 그래서 포탄이 가장 큰 대포인 천자총통은 판옥선에만 설치하고

천자총통은 임진왜란 당시 사용되었던 화포 가운데 가장 크다. -문화재청 현충사관리소 제공

거북선에는 탄환의 크기가 중간쯤 되는 지자총통과 현자총통을 설치했다. 총통은 화약의 폭발력을 이용하여 대형 화살이나 탄환을 발사하는 무기다. 총통에서 발사하는 대형 화살에는 대장군전, 장군전, 차대전, 피령목전, 피령차중전 등이 있다.

작은 화살로는 신기전을 들 수 있다. 화약을 장치하거나 불을 달아서 쏜다. 신기전에도 대신기전, 산화신기전, 중신기전, 소신기전 등 다양한 종류가 있다. 또 탄환도 대형부터 작은 새알만 한 것까지 다양하다. 특히 새알처럼 생긴 조란탄은 한 번에 100알 넘게 발사하여 몰려오는 적들을 한꺼번에 무찌를 수 있다.

거북선에 승선한 남한이 물었다.

"절도사께서는 이런 훌륭한 배를 언제 완성하셨습니까?"

"원래 이 배는 판옥선을 개조하여 만든 것이오. 왜적의 침입이 있을까 걱정하여 내가 좌수사로 부임한 날부터 시작하여 오늘에야 완성했소. 오늘 거북선에서 대포를 발사하는 실험을 할 것이오."

"대포는 잘 발사될 텐데, 왜 굳이 발사 실험을 하시는지요?"

"우리 수군이 바다 한가운데에서 적선을 만났을 때, 대포의 사정거리를 정확하게 알아야 적선을 침몰시킬 수 있을 것 아니오. 그러려면 각 대포의 사정거리를 정확하게 알아야 하오."

"그럼 대포의 사정거리는 어떻게 알 수 있나요?"

"그건 이차함수와 그것의 그래프를 이해하면 간단히 알 수 있소."

"이차함수와 그것의 그래프요? 이차함수는 무엇이고 또 이차함수의 그래프라는 것은 무엇입니까?"

나는 대포를 쏘는 일에 집중해야 했기 때문에 남한의 질문에 대신 대답해 줄 도훈도를 오라고 했다. 곧 도훈도가 도착했고, 그는 남한에게 이차함수와 그래프에 대하여 설명했다.

"천자총통으로 장군전을 발사하면 장군전이 어떻게 날아가는지 아시는지요?"

"그야 장군전은 곡선을 그리며 하늘을 날아가 땅에 떨어지지."

"바로 장군전이 날아가며 그린 곡선을 식으로 나타낸 것이 이차함수고, 바로 그 곡선이 이차함수의 그래프입니다."

아무래도 도훈도는 포물선을 설명하고자 하는 것 같았기에 내가 덧붙였다.

"물체가 날아갈 때 그리는 곡선을 포물선이라고 하지요. 이를 이차함수로 나타낼 수 있소."

"조금 더 자세히 설명해 주실 수 있으신지요?"

나는 도훈도에게 이차함수와 그래프에 대하여 남한에게 쉽게 설명해 주라고 했다. 도훈도가 이차함수에 대하여 설명을 시작했다.

"일반적으로 함수 $y=f(x)$에서 y를 x에 관한 이차식 $y=ax^2+bx$

$+c$로 나타낼 때, 이 함수 $y=f(x)$를 이차함수라고 합니다."

"이를테면 $y=2x^2+6x+4$나 $y=5x^2+10x$와 같은 것이 이차함수라는 말이군요."

"그렇습니다. 특히 이차함수 $y=x^2$이 기본형인데, 이것의 성질만 알면 나머지에 대해서도 쉽게 이해할 수 있습니다."

"그런데 이차함수와 대포의 사정거리는 어떤 관계가 있는 것인지요?"

"그것은 내가 설명하리다."

아무래도 대포의 사정거리에 대해서 내가 도훈도보다 더 잘 알고 있기 때문에 내가 설명하는 편이 나을 듯했다.

"대포의 탄환은 대포를 떠날 때 대포가 가리키는 방향과 같은 직선으로 날아가지요. 지구의 중력이 작용하지 않는다면 탄환은 방향을 바꾸지 않고 똑바로 날아갈 것이오. 그러나 지구에는 중력이 있기 때문에 시간이 지날수록 탄환은 점점 포물선과 같은 곡선을 그리며 아래로 떨어지지요. 그리고 탄환이 그리는 곡선인 포물선이 바로 이차함수의 그래프라오. 따라서 이차함수의 그래프를 알면 대포의 사정거리를 구할 수 있소."

나는 남한이 이해할 수 있도록 탄환이 날아가는 그림을 그렸다. 사실 탄환의 궤도를 정확하게 추적해서 탄환이 날아가는 모양을 평면 위

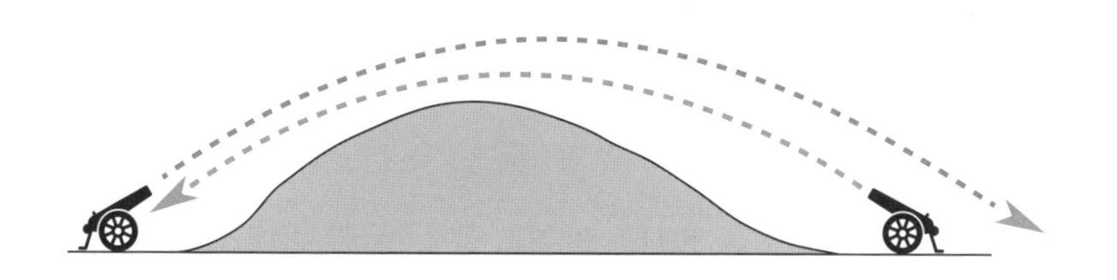

에 그림으로 나타내긴 쉽지 않다. 그러나 평면을 격자 모양으로 나누고 격자 위에 탄환의 위치를 점들로 나타내면 탄환의 경로를 그림으로 표현할 수 있다. 그리고 이것이 바로 이차함수 그래프의 일부분이다. 그러나 남한은 이것에 대하여 이해하지 못하는 것 같았다. 그러자 도훈도가 종이를 가져와서 이차함수의 그래프에 대하여 조금 더 자세하게 설명하기 시작했다.

"예를 들어 이차함수 $y=x^2$에 대하여 x의 값이 조금씩 변할 때 y값의 변화를 표로 나타내면 다음과 같습니다."

x	-3	-2.5	-2	-1.5	-1	-0.5	0	0.5	1	1.5	2	2.5	3
y	9	6.25	4	2.25	1	0.25	0	0.25	1	2.25	4	6.25	9

도훈도는 이어서 이차함수의 그래프에 대한 설명과 함께 그림도 그리기 시작했다.

"이 표에서 얻어지는 순서쌍 (x, y)를 좌표평면 위에 나타내면 [그림 1]과 같습니다. 또 x의 값이 -3에서 3까지 0.25의 간격으로 변할 때, 그 각각에 대응하는 y의 값을 구하여 순서쌍 (x, y)를 좌표평면 위에 나타내면 [그림 2]와 같습니다. 이와 같은 방법으로 x값의 간격을 좁혀서 더 많은 점을 표시하면 이차함수 $y=x^2$의 그래프는 [그림 3]과 같이 매끈한 곡선으로 나타나지요. 이것이 바로 이차함수 $y=x^2$의 그래프입니다."

"이 그래프는 원점을 지나고 아래로 볼록하군요. 그러나 장군께서

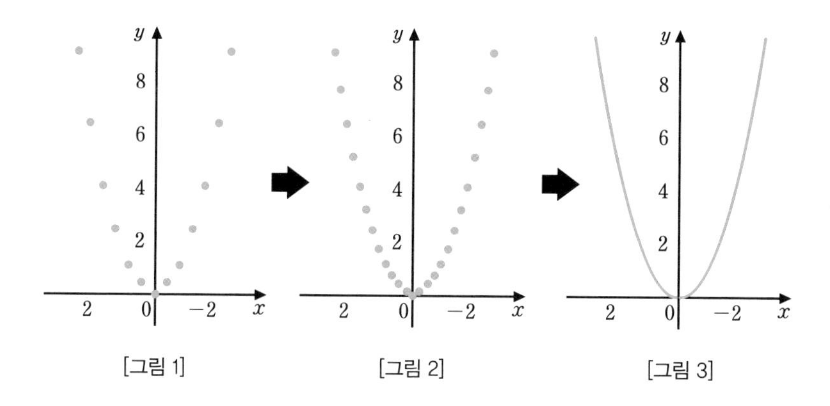

[그림 1] [그림 2] [그림 3]

는 포탄이 그리는 곡선을 위로 볼록하게 그렸습니다. 이것과 무슨 관계가 있는지요?"

그러자 도훈도가 설명했다.

"$y=x^2$의 그래프를 뒤집은 것이 이차함수 $y=-x^2$의 그래프입니다."

"아하. $y=-x^2$의 그래프 모양이 바로 절도사께서 그리셨던 것과 비슷하군요."

"그렇소. 예를 들어 다음 그림에서 점 A에서 대포를 쏘아 B에 탄환이 떨어졌다면 탄환은 포물선을 그릴 것이고 그때 날아간 거리는 선분 AB의 길이입니다. 따라서 이차함수의 그래프를 잘 알면 대포의 사정거리를 구할 수 있다는 말이오."

설명을 마치고 나는 그동안 여러 총통을 발사하여 얻은 사정거리를 정리한 것을 남한에게 보여 줬다.

"그렇군요. 오늘 대포의 사정거리를 구하는 방법을 배웠으니 다음

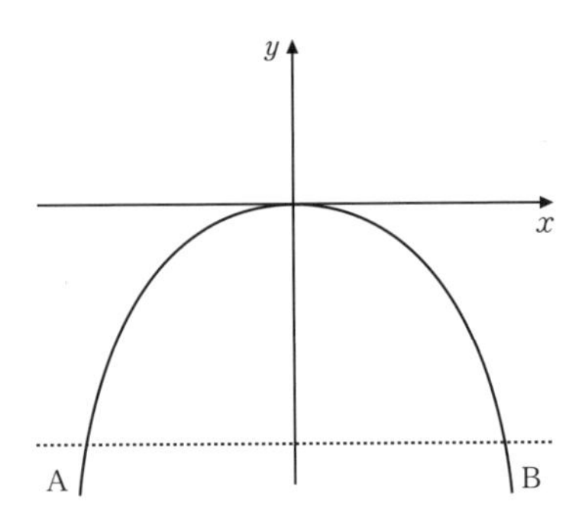

에 저도 이것을 잘 활용하겠습니다."

남한에게 이차함수의 그래프를 설명하는 동안 경상우수사 원균의 공문이 도착했다. 그의 공문은 많은 왜선이 부산 앞바다에 나타났다는 것이었다. 곧이어 경상좌수사 박홍의 공문도 왔는데 왜선 350여 척이 이미 부산포 건너편에 도착했다는 내용이었다. 그래서 즉시 장계(왕명을 받고 지방에 나가 있는 신하가 자기 관하의 중요한 일을 왕에게 보고하던 일. 또는 그런 문서)를 올리고 순찰사, 병마사, 전라우수사에게도 공문을 보냈다. 오늘이 4월 15일이다. 내가 평소에 염려하던 일이 드디어 터진 것이다. 나는 오래전부터 이와 같은 일이 있을 것이라 생각하여 거북선도 만들고 병사들을 훈련시켜 철저하게 대비했다. 나라에 이와 같은 근심이 생겼으니 앞날이 큰 걱정이다.

4

임진년 5월 옥포해전

학익진 전법의 부채꼴

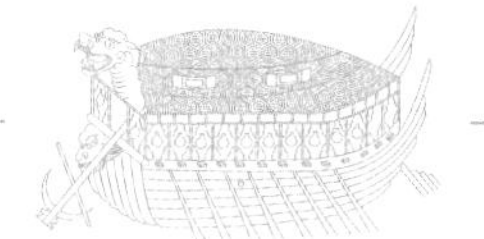

수군을 일제히 전라좌수영 앞바다에 모았다. 나와 이름이 같은 방답첨사 이순신, 흥양현감 배흥립, 녹도만호 정운 등을 불러들이니 모두 분격하여 제 한 몸을 잊어버린 듯한 모습이었다. 실로 의사들이라고 할 만하다. 전라우수사 이억기에게 수군을 거느리고 우리의 뒤를 따라오라는 공문을 보내고 드디어 모든 배를 출항시킬 준비를 마쳤다.

우리 함대는 이달 4일 새벽 전라좌수영을 출발하여 적선이 머물고 있는 천성·가덕을 향하여 가다가 정오에 옥포 앞바다에 이르렀다. 곧 우척후장 사도첨사 김완과 여도권관 김인영 등이 신기전을 쏘아 올렸다. 이것은 적선이 있음을 알리는 우리 함대의 신호였기에 나는 여러 장수에게 신속히 명령을 하달했다.

"함부로 움직이지 말라! 태산같이 침착하게 신중히 행동하라!"

이번이 우리에게 왜적과의 첫 번째 전투였다. 만일 첫 전투에서 승리를 놓치면 앞으로 우리 수군의 사기는 땅에 떨어질 것이고, 그러면 왜적을 상대하기 어려워질 것이다. 그래서 첫 번째 전투의 승리는 우리 함대에게 매우 중요했다. 나는 모든 장수와 병사에게 신중에 신중을 더하라고 일렀다.

"함대, 전진 속력으로!"

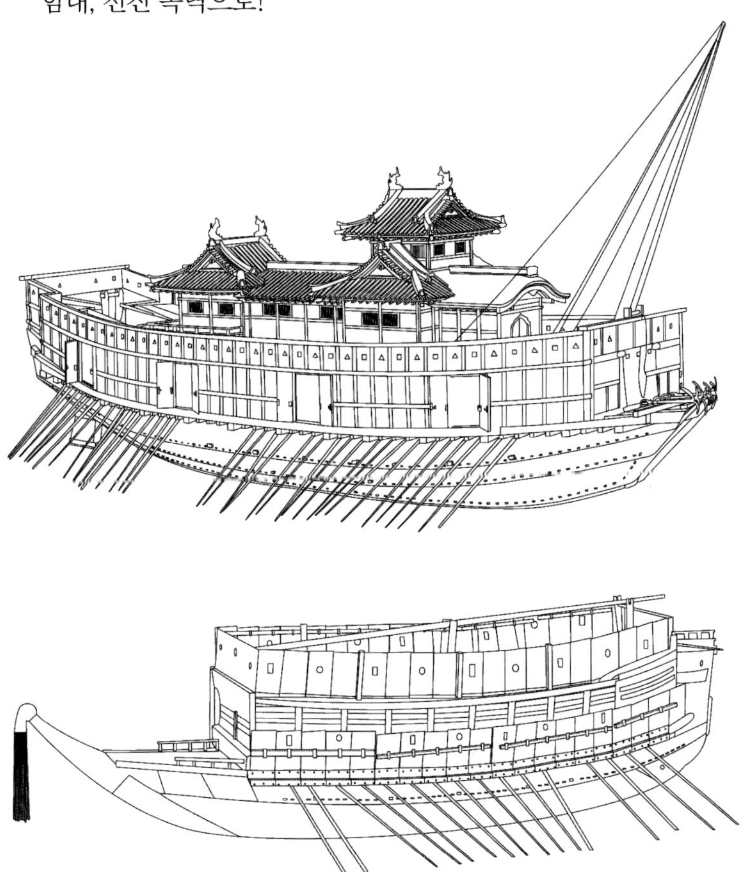

왜군의 주력 군함이었던 아다케부네(위)와 세키부네(아래). 배의 밑바닥이 뾰족해 방향 전환이 어려운 단점이 있다. -문화재청 현충사관리소 제공

나의 명령과 함께 우리 수군이 옥포 바다 안으로 대열을 지어 일제히 들어갔다. 왜선 50여 척이 옥포 선창에 나뉘어 정박하고 있었다. 옥포만은 왜군들의 약탈과 방화로 시커먼 연기가 하늘 높이 솟구쳐 그 일대를 뒤덮고 있었다. 옥포 선창에 정박해 있는 왜선은 전투선이라고 믿어지지 않을 만큼 화려하게 장식되어 있었다. 선체에 둘러쳐진 오색의 대형 휘장과 크고 작은 깃발들이 바람에 휘날리고 있었다. 나는 얼른 도훈도에게 명하여 적선까지의 거리를 구하게 했다. 왜군들은 조총으로 무장하고 있었고, 그 사정거리는 50m가량 됐다. 나는 도훈도의 계산 결과를 바탕으로 적의 사정거리에 들지 않도록 전선을 선창으로부터 100m 밖에 배치했다. 그리고 작전을 전달하기 위하여 전부장 흥양현감 배흥립, 중부장 광양현감 어영담, 중위장 방답첨사 이순신, 우척후장 사도첨사 김완 등을 나의 배에 오르게 했다.

"우척후장과 여도권관의 정보에 따르면 적의 배는 옥포만 안에 정박해 있소. 그리고 우리 배는 옥포만을 부채꼴로 포위하고 있소. 도훈

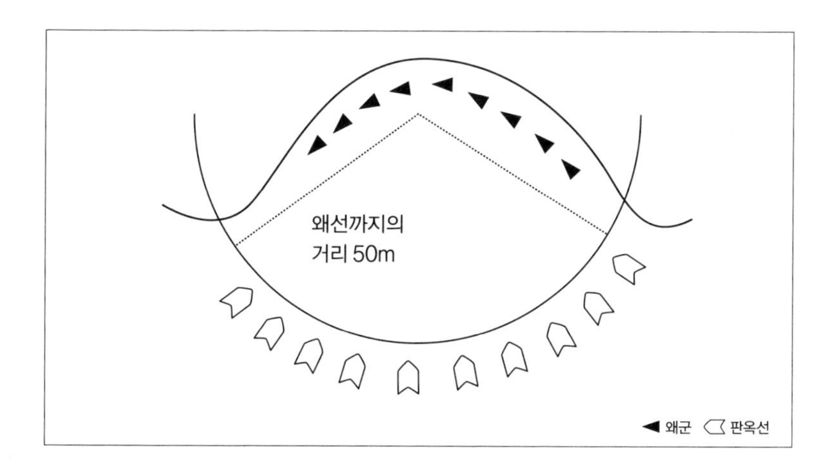

도의 계산에 의하면 현재 부채꼴은 중심각이 120° 가량 되고 반지름은 100m가량이라고 하오. 그래서 우리는 적의 무기인 조총의 사정거리인 50m 근방까지 신속하게 접근한 후 일시에 집중적으로 총통을 발사하여 적을 괴멸시키고자 하오. 그러려면 부채꼴의 중심각 크기는 그대로 하고 반지름만 신속하게 줄여야 할 것이오."

내가 간단히 그림을 그려 설명하자 어영담이 이해할 수 없다는 듯이 물었다.

"장군, 부채꼴이 무엇인지요?"

평면 위의 한 점으로부터 일정한 거리에 있는 모든 점으로 이루어진 도형을 원이라 하고, 이것을 원 O로 나타낸다. 이때 점 O는 원의 중심이고, 원의 중심에서 원 위의 한 점을 이은 선분이 원의 반지름이다. 원에 대하여는 대부분의 장수들이 알고 있었다. 그래서 나는 도훈도로 하여금 부채꼴에 대하여 자세히 설명하라고 명했다. 그러자 도훈도가 원과 관련된 몇 가지에 대하여 설명하기 시작했다.

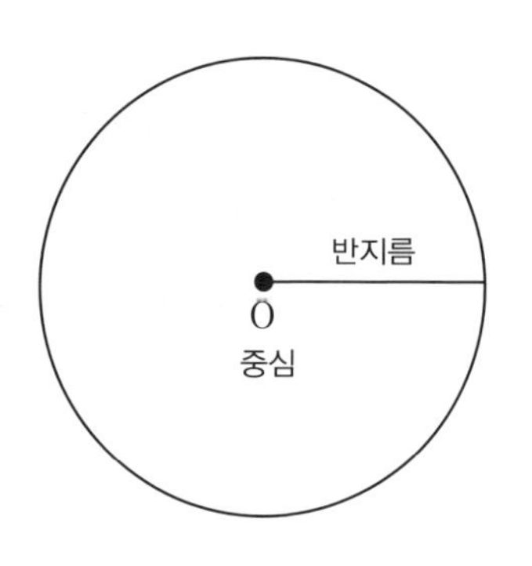

"부채꼴을 알려면 현, 호, 활꼴에 대하여 알아야 합니다. 그래서 먼저 현에 대하여 말씀드리겠습니다."

도훈도는 먼저 현에 대하여 설명하기 시작했다.

"다음 그림에서 선분 AB, CD와 같이 원 O 위의 두 점을 이은 선분을 현이라고 합니다. 그리고 양 끝 점이 A, B인 현을 현 AB라고 합니다. 특히 원의 중심을 지나는 현은 그 원의 지름입니다."

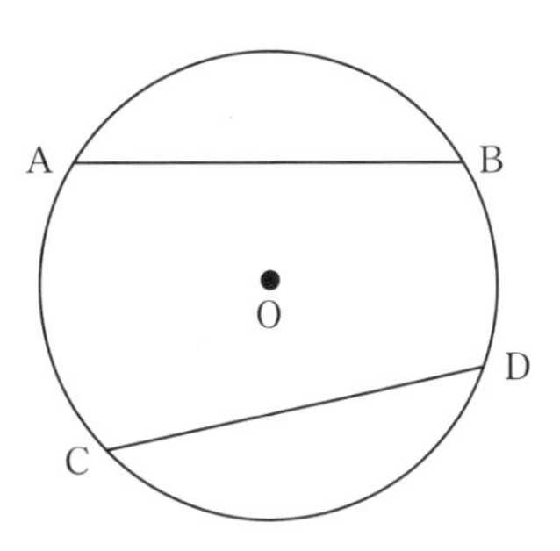

그러자 어영담이 말했다.

"그렇다면 한 원에서 길이가 가장 긴 현은 지름이 되는구나. 그럼 호는 무엇인가?"

"그림을 보시지요. 원 O위에 두 점 A, B를 잡으면, 원은 두 부분으로 나누어지는데 이 두 부분을 호라고 합니다. 양 끝 점이 A, B인 호를 호 AB라고 하며, 이것을 기호로 $\overset{\frown}{AB}$와 같이 나타냅니다."

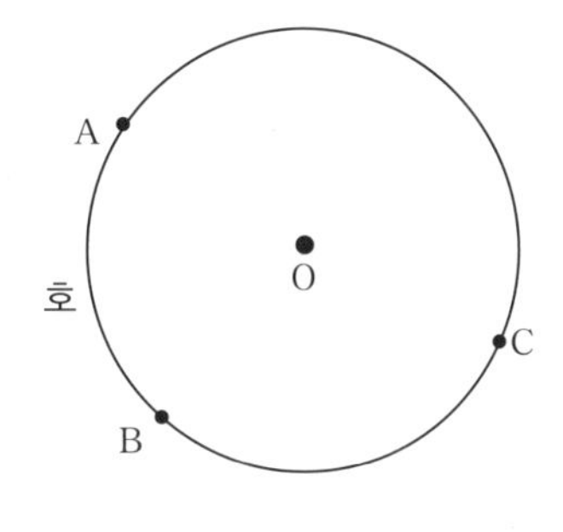

어영담이 다시 물었다.

"크기가 다른 호가 두 개 있는데 어떤 것을 말하는 것인가?"

"호 AB는 보통 길이가 짧은 호를 나타내고, 길이가 긴 호는 그 호 위의 한 점 C를 잡아 $\overset{\frown}{ACB}$와 같이 나타냅니다."

도훈도는 그림을 그려서 어영담에게 부채꼴에 대하여 설명했다.

"이제 현과 호로 이루어진 도형에 대하여 알려드리겠습니다. 다음 그림과 같이 원 O의 현 CD와 호 CD로 이루어진 도형을 활꼴이라고 합니다. 또 원 O의 두 반지름 OA, OB와 호 AB로 이루어진 도형을 부채꼴이라고 합니다. 한편 부채꼴 AOB의 두 반지름 OA, OB로 이루어진 ∠AOB를 호 AB에 대한 중심각이라고 합니다. 이것은 물론

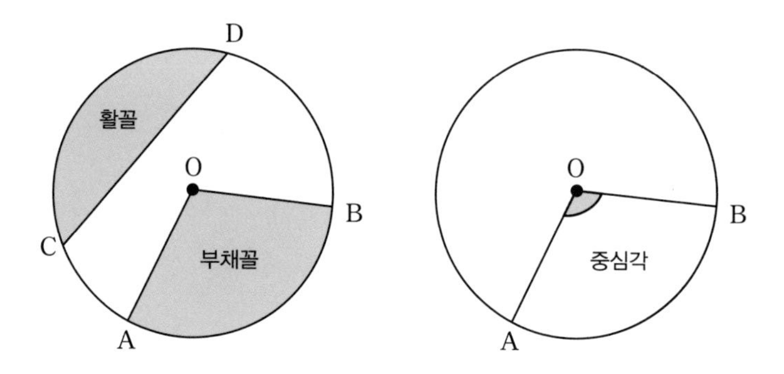

부채꼴의 중심각이기도 합니다."

그러자 어영담이 답했다.

"모양이 마치 부채를 닮아서 부채꼴이라고 하는가 보구나."

이제 어영담이 부채꼴에 대하여 모두 이해했으므로 내가 작전을 다시 지시했다.

"아까도 말했지만 적의 배는 옥포만 안에 정박해 있고, 우리 배는 옥포만을 중심각이 120°이고 반지름이 100m인 부채꼴로 포위하고 있소. 나의 명령이 떨어지면 적선을 향해 전속력으로 돌진하다가 조총의 사정거리인 50m 밖에서 멈추시오. 그리고 일시에 총통을 발사하여 장군전과 신기전 그리고 탄환을 적의 배에 퍼부어야 하오. 이때 조심할 점은 부채꼴의 중심각의 크기는 유지한 채 반지름의 길이만 반으로 줄이는 것이오. 그래야 부채꼴의 넓이가 갑자기 $\frac{1}{4}$로 줄어들어 적들은 우왕좌왕할 것이고, 결국 우리는 큰 전과를 올릴 수 있소이다."

그러자 사도첨사 김완이 물었다.

"부채꼴의 넓이요? 그건 어떻게 구하는지요?"

적을 공격할 시간이 촉박했기 때문에 부채꼴의 넓이를 구하는 것은 도훈도 대신 내가 간단히 설명하기로 했다.

"다음 그림과 같이 반지름의 길이가 r인 원 O에서 중심각의 크기가 $x°$인 부채꼴의 호의 길이를 l, 넓이를 S라고 할 때 부채꼴의 넓이를 구하는 방법을 알려 주리다. 한 원에서 부채꼴의 호의 길이와 넓이는 각각 중심각의 크기에 정비례합니다. 그러므로 부채꼴의 호의 길이 l은

$$360 : x = 2\pi r : l,\ \ l = 2\pi r \times \frac{x}{360} \quad \cdots\cdots ①$$

이고, 부채꼴의 넓이 S는

$$360 : x = \pi r^2 : S,\ \ S = \pi r^2 \times \frac{x}{360} \quad \cdots\cdots ②$$

임을 알 수 있소. 또 ①에서 $\frac{x}{360} = \frac{l}{2\pi r}$이므로 이것을 ②에 대입하면 넓이는 $S = \pi r^2 \times \frac{l}{2\pi r} = \frac{1}{2}lr$이오."

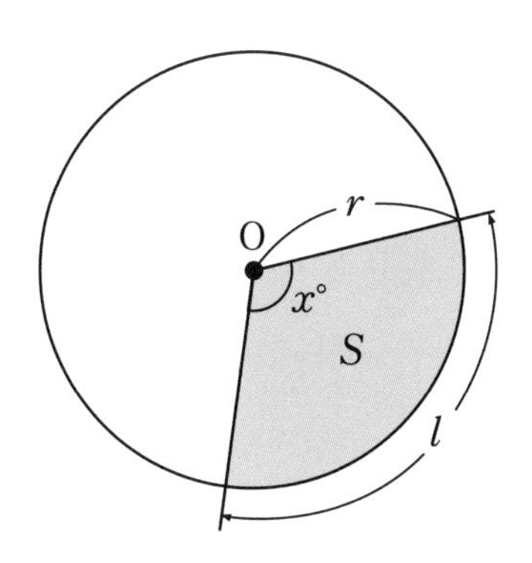

"그럼 부채꼴의 넓이는 $S=\pi r^2\times\frac{x}{360}$와 $S=\frac{1}{2}lr$의 두 가지로 구할 수 있군요."

김완의 말에 도훈도가 재빨리 계산하며 말했다.

"이번 작전에서는 부채꼴의 중심각이 120°로 고정되어 있고 반지름만 100m에서 50m로 줄어듭니다. 이때 부채꼴의 넓이는 $S=\pi r^2\times\frac{x}{360}$를 이용하는 것이 편리합니다. 반지름의 길이가 100m인 부채꼴의 넓이는 $S=\pi\times100^2\times\frac{120}{360}=\frac{\pi}{3}\times10000$이고, 반지름의 길이가 50m인 부채꼴의 넓이는 $S=\pi\times50^2\times\frac{120}{360}=\frac{\pi}{3}\times2500$입니다. 그래서 절도사께서 부채꼴의 넓이가 순식간에 $\frac{1}{4}$로 줄어든다고 하신 것입니다."

도훈도의 말이 끝나자 나는 장수들에게 나의 작전을 그림으로 그려 설명했다.

"이것은 바로 학의 날개와 같은 형상으로 적을 공격하는 것이기 때문에 '학익진(鶴翼陣)'이라는 전법입니다. 나의 명령과 함께 모든 장졸들은 일제히 적을 향해 총통을 발사하며 총공격을 시작하시오."

나의 말이 끝나자 장수들은 재빨리 자신의 배로 돌아갔다. 각자의 배에서 전투 준비가 완료된 것을 확인한 나는 전투 개시 명령을 내렸다.

"함대, 전투 속력으로 전진!"

명령을 내리자 우리 함대의 선봉 · 중군 · 후군은 위용을 갖추고 힘차게 군악을 올리며 왜선단을 향해 빠르게 돌진했다. 분탕질에 여념이 없던 왜군들은 예상치 못한 상황에 눈과 귀를 의심하며 잠시 동안 꼼짝도 하지 못했다. 이때 내가 명령을 내렸다.

"함대 총공격!"

나의 공격 명령과 함께 북이 울리자 우리 함대는 적들을 양쪽으로 에워싸며 대포를 쏘고 화살과 탄을 퍼붓기를 마치 바람과 천둥처럼 했다. 그러자 적들도 조총과 화살을 쏘아 대다가 기운이 빠져서 배에 싣고 있던 물건들을 바다에 내어 던지느라고 바빴다. 화살에 맞은 자는 그 수를 알 수 없었으며, 헤엄치는 자도 얼마인지 셀 수 없었다. 일시에 무너지고 흩어져서 바위 언덕으로 기어 올라가면서 뒤떨어질까 봐 두려워하는 자가 수두룩했다. 이날 옥포에서 우리 함대는 왜선 26척을 총통으로 맞혀서 깨뜨리고 불태웠기에 불꽃과 연기가 하늘을 뒤덮었다.

첫 전투에서 대승을 거둔 우리는 밤을 타 노를 재촉하여 창원 땅 남포(마산시 합포구 구산면 남포) 앞바다에 이르러 밤을 지냈다.

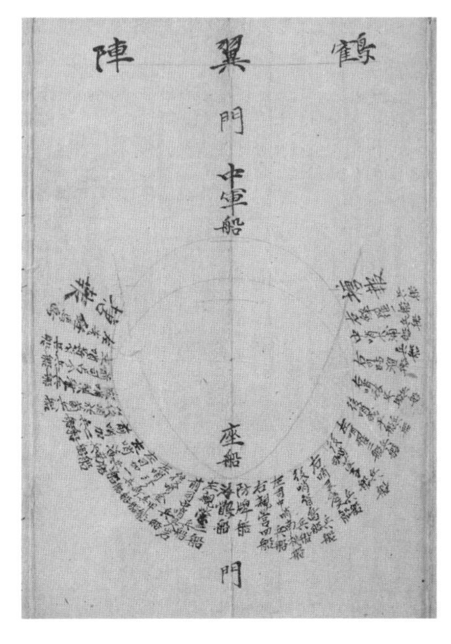

『충무이공전집도첩』 중 학익진을 설명한 그림. 『충무이공전집도첩』은 조선 후기 전라우수영에서 훈련할 때 사용한 진형들을 그린 그림이다. -문화재청 현충사 관리소 제공

5

임진년 6월 당포해전

거북선 등 덮개의 평면 덮기

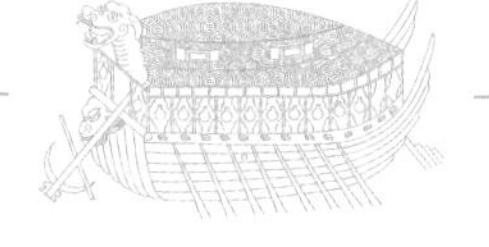

첫 번째 전투를 무사히 마친 우리는 전선을 거느리고 전라좌수영으로 돌아왔다. 그런데 부산의 적들이 떼를 지어 거제도 서쪽으로 침범하여 연해안 여러 고을을 분탕하고 긴요한 것을 가지고 가는 일이 잦았다. 분하고 답답함을 금할 수 없었다. 그래서 전라우수사 이억기에게 협력하여 적을 쳐부술 예정이니 빨리 합류하자고 공문을 보냈다. 공문에는 물길이 멀고 바람의 세기나 방향을 예측하기 어려우니 6월 초사흘까지 본영 앞바다로 일제히 모여 출항하자고 썼다.

그때 경상우수사 원균의 공문이 왔다. 원균의 공문에 의하면 적선 10여 척이 사천·곤양 등지에 육박했기로 원균이 남해 땅 노량으로 이동했다고 한다. 급변하는 상황이었다. 만일 모이기로 약속한 초사흘 날까지 기다려서 출전한다면 그사이 적들이 제멋대로 날뛸 수 있을 것이다. 이를 염려하여 이억기가 오기 전에 여러 장수를 거느리고 먼저 출항했다.

일찍이 왜적들의 침입이 있을 것을 염려하여 나는 특별히 돌격선인 거북선을 만들었다. 거북선의 앞머리는 용의 머리로 하고 그 입으로 대포를 쏘게 했다. 배 위는 판자로 덮고 십자 모양으로 사람이 겨우 다닐 만하게 좁은 길을 낸 다음, 그 밖의 다른 부분에는 쇠 송곳을 꽂았다. 또 안에서는 밖을 내다볼 수 있지만 밖에서는 안을 들여다볼 수 없게 했다. 그리고 적선 수백 척 속이라도 세차게 들어가 포를 쏠 수 있도록 만들었다. 이렇듯 거북선은 적선을 향해 그대로 돌진하여 파괴하는 돌격선이다. 돌격선은 적진 깊숙이 돌진해 들어가야 하므로 적이 거북선 안으로 들어오는 것을 막아야 했다. 그러기 위해 배 위를 덮는 판자의 구조를 가장 튼튼한 형태로 지어야 했다. 그래서 거북선의 등 덮개를 정육각형으로 만들었다. 나의 말을 듣던 군관 나대용이 물었다.

"장군. 왜 거북선의 등 덮개를 육각형으로 만드시는지요? 그냥 간단하게 긴 판자를 이어 붙이면 되지 않겠습니까?"

"그러면 적들이 등에 올라탔을 때 판자를 쉽게 깨뜨릴 수 있다. 만약 등 덮개가 쉽게 깨지면 거북선 안에 있는 우리 병사들은 적의 조총에 희생될 수 있다. 그래서 가장 튼튼한 구조로 만들어야 한다."

"그렇다면 육각형이 가장 좋다는 말씀입니까?"

"그렇다. 그 이유는 도훈도를 불러 듣도록 하라."

도훈도를 불러 나대용에게 그 이유를 설명하게 하고 나는 거북선의 설계도를 집어 들었다. 더 완벽하게 하기 위해 수정할 곳이 있는지 살펴보았다. 도훈도는 나대용에게 이유를 설명하기 시작했다.

"평면을 빈틈없이 채우려면 오른쪽 그림과 같이 한 꼭짓점에서 적어도 3개 이상의 다각형이 만나야 합니다. 그러나 모양이 각기 다른 다각형으로 하나의 평면을 만드는 것은 쉽지 않습니다. 평면을 채우기 가장 적합한 것은 모양과 크기가 모두 같은 정다각형이라고 알려져 있습니다."

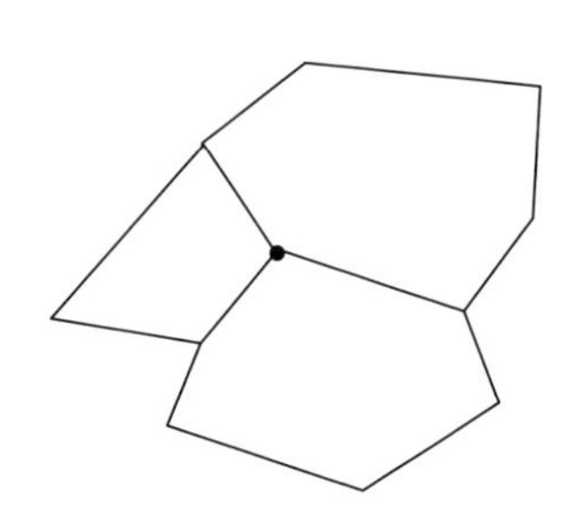

"하지만 정다각형이라고 해서 무조건 평면을 채울 수 있는 것은 아니지 않겠는가?"

"그렇습니다. 정삼각형의 한 내각의 크기는 60°로 한 꼭짓점에 6개의 정삼각형이 모이면 $60° \times 6 = 360°$를 이루면서 평면을 채울 수 있습니다. 정사각형의 한 내각의 크기는 90°로 한 꼭짓점에 4개의 정사각형이 모이면 $90° \times 4 = 360°$를 이루면서 평면을 채울 수 있습니다. 또 정육각형의 한 내각의 크기는 120°로 한 꼭짓점에 3개의 정육각형이 모이면 $120° \times 3 = 360°$를 이루면서 평면을 채울 수 있습니다."

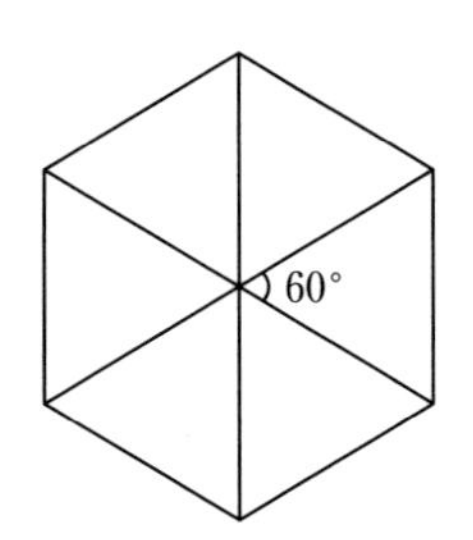

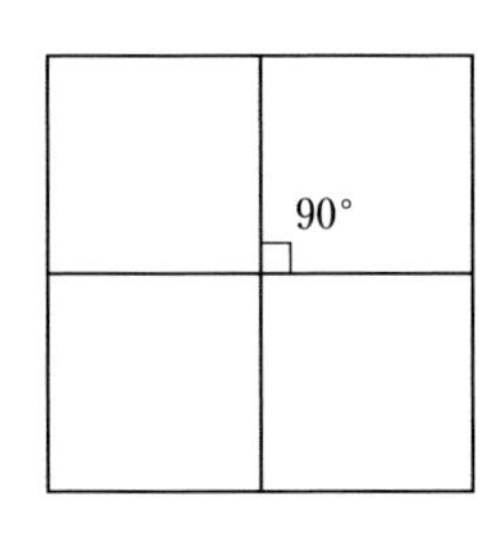

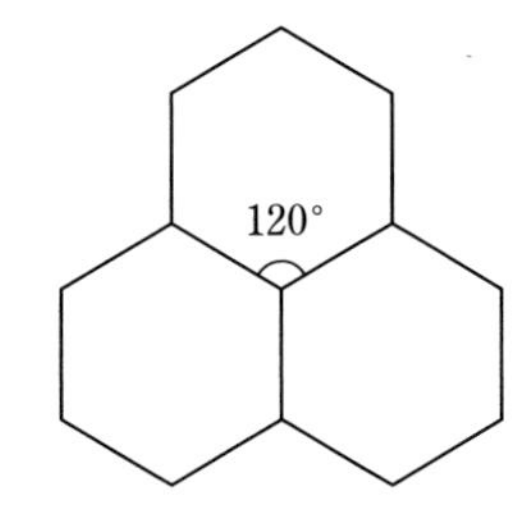

도훈도가 정삼각형, 정사각형, 정육각형을 그려 이유를 설명했다. 그러자 나대용이 물었다.

"정오각형은 어째서 평면을 덮을 수 없는 건가?"

"말씀드리지요. 정오각형의 경우 한 내각의 크기가 $108°$이므로 한 꼭짓점에 3개가 모이면 $108°\times3=324°$밖에 되지 않아 평면이 채워지지 않습니다. 4개가 모이면 $108°\times4=432°$가 되어 $360°$를 넘으므로 평면이 아니라 입체가 됩니다. 또 정칠각형의 경우 한 내각의 크기가 $\frac{900°}{7}\fallingdotseq128.57°$로 한 개의 꼭짓점에 3개가 모이면 $\frac{900°}{7}\times3=\frac{2700°}{7}\fallingdotseq385.71°$이 되어 $360°$보다 훨씬 크게 됩니다. 즉 평면을 만들 수 없게 됩니다. 이와 같이 정칠각형 이상의 정다각형은 한 꼭짓점에 3개가 모이면 모두 $360°$보다 크기 때문에 평면을 만들 수 없습니다."

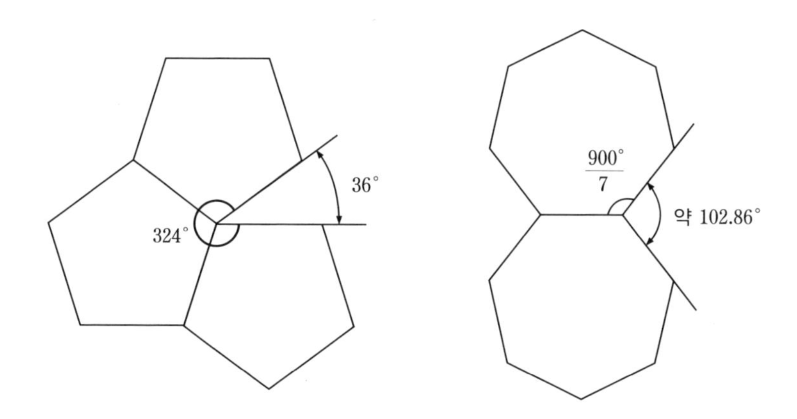

"그래서 평면을 빈틈없이 채울 수 있는 정다각형은 정삼각형, 정사각형, 정육각형의 3개뿐이로구나."

"그렇습니다. 그런데 여기에 한 가지 조건을 더 생각해야 합니다. 평면을 덮을 수 있으며 무엇보다도 넓은 영역을 차지하기 위해서는 같은 둘레라도 도형 안의 넓이가 넓어야 합니다."

"그렇다면 세 가지의 정다각형 중에서 넓이를 가장 넓게 할 수 있는 도형을 찾아야 하겠구나."

"그렇습니다. 예를 들어 길이가 12cm인 철사를 구부려 이 3개의 정다각형을 만든다고 할 때, 어느 것의 넓이가 가장 넓은지 알아보겠습니다. 먼저 정삼각형, 정사각형, 정육각형의 한 변의 길이는 다음 그림과 같이 각각 4cm, 3cm, 2cm입니다. 그리고 한 변의 길이가 4cm인 정삼각형의 넓이는 약 6.928cm^{2}이고, 한 변의 길이가 3cm인 정사각형의 넓이는 9cm^2, 한 변의 길이가 2cm인 정육각형의 넓이는 약 10.392cm^{2}입니다. 결국 일정한 길이로 가장 넓은 영역을 만들 수 있는 모양은 정육각형입니다."

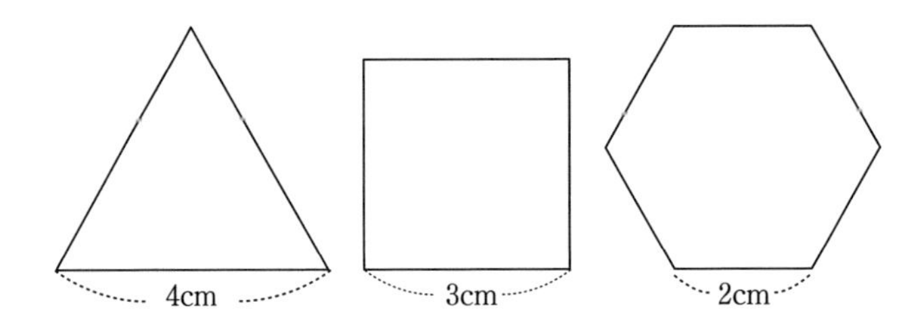

"그랬구나. 그래서 절도사께서 거북선의 덮개를 정육각형으로 하셨구나."

도훈도의 말처럼 나는 가장 튼튼한 구조인 정육각형 모양으로 철판을 이어 붙여 거북선의 덮개를 만들었다. 이는 거북선을 철선처럼 보이게 해서 왜군들에게 겁을 주려는 의도도 있었다. 나무판 위에 정육

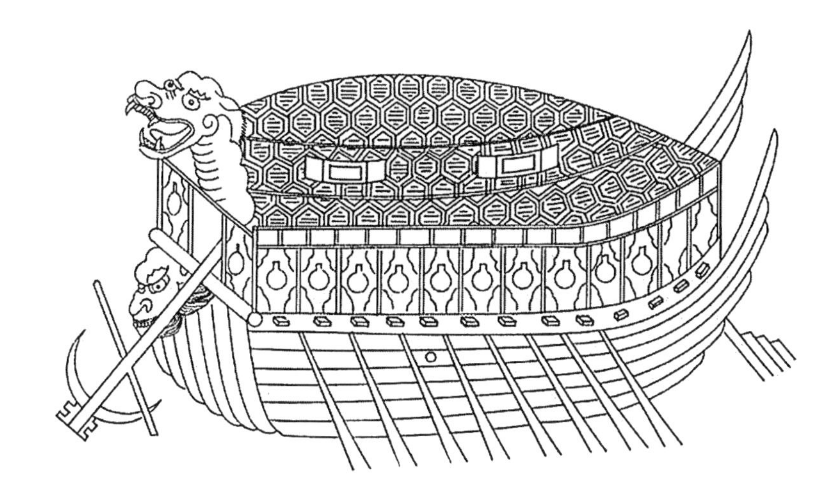

각형 모양의 얇은 철판을 덮은 뒤, 이를 고정하고 다시 그 위에 칼 송곳을 꽂아 적들이 거북선의 등에 올라타지 못하게 했다. 이로써 수군 전술의 중요한 역할을 할 거북선이 완성됐다.

이때 우리 수군은 사량에 머물러 있었다. 그런데 새벽에 적선이 당포 선창에 정박하고 있다는 첩보가 들어왔다. 사량에서 당포까지는 12km다. 아침에 거북선을 이끌고 사량을 떠나 당포까지 두 시간이 걸렸다. 당포 앞 선창에 이르니 적선 20여 척이 줄지어 머물러 있었다. 서로 둘러싸고 싸우는데, 적선 중에 큰 배 한 척은 우리나라 판옥선만 했다. 배 위에 다락이 있는데 높이가 두 길은 되겠고, 그 누각 위에는 왜장이 버티고 우뚝 앉아 끄덕도 안 했다.

그래서 먼저 거북선으로 하여금 층루선(왜군의 큰 배) 밑으로 곧장 충돌하러 들어가면서 용의 입으로 공격하게 했다. 또 편전과 대·중 승자총통으로 비가 오듯 어지러이 쏘아 댔더니, 적장이 화살에 맞고 떨어졌다. 그러자 왜적들이 놀라 한꺼번에 흩어졌다. 여러 장졸이 일제히 모여들어 쏘아 대니, 화살에 맞아 거꾸러지는 놈이 얼마인지 헤아릴 수도 없었다. 우리는 적을 모조리 섬멸하고 한 놈도 남겨 두지 않았다. 얼마 뒤에 왜놈의 큰 배 20여 척이 부산에서 오다가 우리 군사들을 보고는 개도로 뺑소니치며 달아나 버렸다. 여러 전선이 뒤쫓아 갔으나 이미 날이 어두워 접전할 수 없었다. 우리는 진주 땅 창신도(남해군 창선도)에 정박하여 밤을 지냈다.

6

임진년 7월 한산대첩

쌍학익진과 거북선을 위한 현의 성질

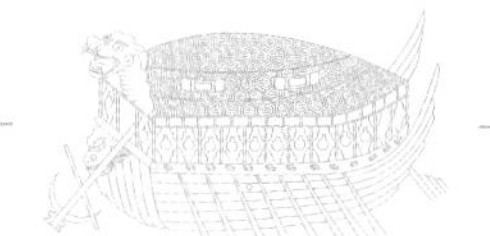

떼를 지어 출몰하는 적을 모두 무찌르고자 전라우수사 이억기와 경상우수사 원균에게 공문을 돌렸다. 약속이 정해지기 전까지 배를 정비하며 경상도에 있는 적들의 세를 탐문했다. 탐문 결과 가덕·거제 등지에 왜선이 10여 척 혹은 30여 척씩 떼를 지어 출몰하고, 본도 금산 지경에도 적세가 크게 뻗쳤다고 한다. 바다와 육지로 나뉘어 침범한 적들이 곳곳에서 불길같이 일어났건만 우리나라의 군대는 그들을 이기지 못했으므로 적이 깊이 들어왔다.

이억기로부터 적들을 함께 무찌르자는 공문을 받고, 4일 저녁에 약속한 장소에 도착했다. 5일에는 서로 전략을 상의한 후 원균이 기다리고 있는 노량으로 출발했다. 6일에는 수군을 거느리고 곤양과 남해의 경계인 노량에 도착하니 원균이 파손된 전선 7척을 수리하여 거느리고 왔다. 다시 모여 전략을 상의한 후에 진주 땅 창신도에 이르렀다. 날이 저물었기에 밤을 지냈다.

7일에 바람이 심하게 불어 고성 땅 당포에 정박했다. 이곳에서 난리를 피하여 산으로 올랐던 미륵도의 목동 김천손이 우리 함대를 보고는 급히 달려와서 말했다.

"적의 대·중·소선을 합하여 70여 척이 오늘 낮 두 시쯤 영등포 앞바다에서 거제와 고성의 경계인 견내량에 이르러 머무르고 있습니다."

김천손의 말에 따라 적선이 머물러 있는 견내량에 갔다. 왜의 큰 배 한 척과 중간 배 한 척이 선봉으로 나와서 우리 함대를 몰래 보고는 다시 자신들이 진을 치고 있는 곳으로 돌아갔다. 그래서 뒤쫓아 들어가니 큰 배 36척과 중간 배 24척, 작은 배 13척이 대열을 벌려서 정박하고 있었다. 그런데 견내량의 지형이 매우 좁고 암초가 많아서 판옥선은 서로 부딪치게 될 것 같아서 싸우기가 곤란했다. 그리고 적들은 만약 형세가 불리하면 기슭을 타고 뭍으로 올라갈 것 같았다. 그래서 한산도 바다 가운데로 유인하여 모조리 잡아버릴 계획을 세우기로 하고 물러났다.

그날 밤, 나는 이억기와 원균과 더불어 작전을 논의했다. 나는 견내량에 정박한 배의 종류에 따라 적의 수를 계산했다.

"큰 왜선이 36척, 중간 왜선이 24척, 작은 왜선이 13척이므로 적은 약 8,660명 정도 되겠군요."

내가 적의 수를 대략 계산해 내자 이억기는 고개를 끄덕였지만 원균은 이해할 수 없다는 듯 고개를 갸웃거리며 말했다.

"좌수사께서는 어떻게 적의 수를 파악한 것이오?"

"큰 왜선은 약 180명 정도가 탈 수 있을 것이므로 36×180=6480이고, 중간 왜선은 80명 정도가 탈 수 있을 것이므로 24×80=1920이고, 작은 왜선은 20명 정도가 탈 수 있을 것이므로 13×20=260입니다. 이를 모두 더하면 8,660명이 되지요."

그러자 이억기가 말했다.

"경상우수사께서도 곱셈을 할 줄 아신다면 쉽게 적의 수를 구할 수 있었을 텐데요?"

이억기의 말에 원균은 말을 돌려 얼른 적을 유인하여 물리칠 작전을 짜자고 재촉했다. 그래서 지도를 펼치고 내가 생각했던 작전을 이야기했다.

"견내량은 지형이 협착하고 또 암초가 많아서 판옥선처럼 큰 배는 서로 부딪쳐서 싸우기가 어렵소. 그뿐만 아니라 왜적들은 만약 형세가 궁해지면 바다 기슭을 타고 뭍으로 올라갈 것이오. 그래서 몇 척의 배로 왜적을 한산도 바다 가운데까지 유인하여 쌍학익진을 펼쳐 모조리 섬멸하는 것이 어떻겠소?"

그러자 이억기가 말했다.

"한산도는 거제와 고성 사이에 있기 때문에 사방으로 헤엄쳐 나갈 길도 없고, 혹시 뭍으로 올라가더라도 굶어 죽기 십상입니다. 좌수사의 작전은 정말 훌륭한 것 같습니다. 그렇게 하시지요."

"그런데 쌍학익진은 어떻게 펼치는 것인지요?"

원균의 질문에 내가 그림을 그려 가며 설명했다.

“우선 전라우수사와 경상우수사는 화도와 방화도 뒤에 숨어 있으시오. 내가 앞장서서 적들을 유인할 것이오. 한산도 앞바다에 이르면 하죽도와 상죽도 뒤에 숨어 있던 거북선과 판옥선이 왜선들 앞을 막아설 것이오. 그러면 두 수사께서는 왜선의 퇴로를 차단하여 적선을 원으로 둘러싸면 됩니다.”

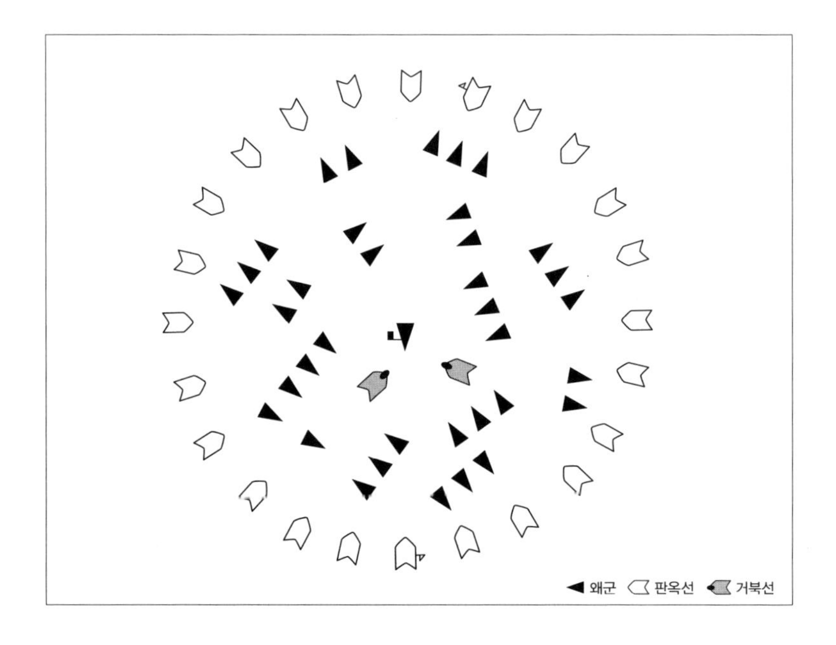

그러자 이억기가 설명을 덧붙였다.

“그럼 이번 작전에서는 현의 성질에 관하여 정확하게 이해하고 있어야겠군요.”

“그렇습니다. 전라우수사께서 이번 작전을 정확히 파악하셨군요.”

내가 이억기와 작전에 대하여 공감하는 동안 원균은 이해할 수 없다는 표정을 지으며 내게 물었다.

"현의 성질을 알아야 한다고요?"

"그렇습니다. 우리는 원형으로 적선을 에워싸고 모든 배에서 일시에 총통을 발사할 것입니다. 그때 원의 반지름이 총통의 사정거리가 되도록 둘러싸야 합니다. 그래야 우리가 쏜 총통 때문에 우리 수군이 상하는 사고를 막을 수 있습니다. 또 돌격선인 거북선이 적진으로 가깝게 들어가야 할 텐데, 거북선도 우리가 쏜 탄환을 피해야 합니다."

여기까지 설명하자 이억기가 덧붙였다.

"그러려면 거북선의 위치는 원 위의 두 판옥선을 이은 현 위에 있는 것이 좋겠군요."

"그렇습니다. 적진으로 너무 깊숙이 들어가도 안 되고, 너무 멀리 떨어져도 안 되므로 현을 이등분하는 지점이 가장 좋을 것입니다."

그러자 원균이 물었다.

"현을 이등분하는 지점이라고요?"

그래서 나는 그림을 그려서 원균에게 설명했다.

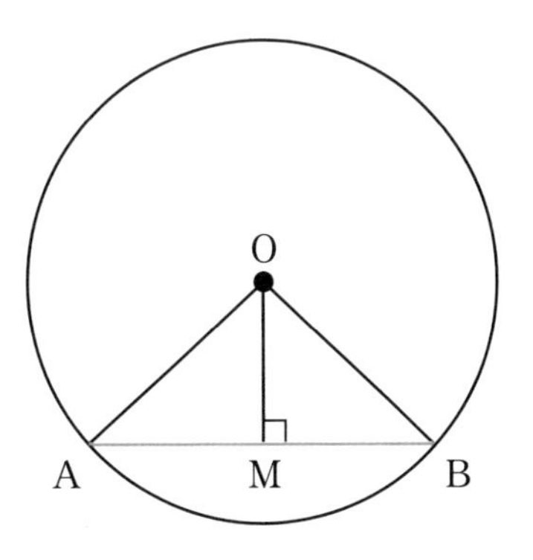

"그림과 같이 적의 대장선이 있는 곳을 원의 중심 O라 하고, 두 점 A와 B를 적을 둘러싸고 있는 원 위의 판옥선이라고 합시다. 이때 원 O의 중심에서 현 AB에 내린 수선의 발을 M이라고 해 봅시다. 그렇다면 $\triangle OAM$과 $\triangle OBM$에서 $\angle OMA = \angle OMB = 90°$고 두 선분 OA와 OB는 반지름이며 선분 OM은 공통이므로 △OAM과 △OBM은 합동이 됩니다. 따라서 선분 AM과 선분 BM의 길이가 같지요. 즉 원 O의 중심에서 현 AB에 내린 수선은 그 현을 이등분합니다."

그러자 이억기가 원균에게 현의 수직이등분선이 그 원의 중심을 지난다는 것을 설명하기 시작했다.

"좌수사께서 그린 그림을 보세요. 방금 설명한 것처럼 △OAM과 △OBM은 합동입니다. 따라서 $\angle OMA = \angle OMB = 90°$입니다. 즉, $\overline{OM} \perp \overline{AM}$이므로 현 AB의 수직이등분선은 원 O의 중심을 지나게 됩니다. 이해가 되시는지요?"

원균은 아직도 정확히 이해하지 못한 듯해서 내가 앞에서 설명한 내용을 정리하여 말했다.

"결국 원의 중심에서 현에 내린 수선은 그 현을 이등분합니다. 또 원에서 현의 수직이등분선은 그 원의 중심을 지납니다."

"이제 알겠습니다. 그럼 원 위에 있는 어떤 두 점을 택하여 현을 만들고, 그 중점을 거북선의 위치로 정하면 되겠군요."

"그렇긴 하지만 작전을 성공하려면 원의 중심으로부터 같은 거리에 있는 두 현을 잡는 것이 좋습니다. 왜냐하면 중심으로부터 같은 거리에 있는 두 현의 길이가 같기 때문이지요."

"방금 말씀하신 것은 앞에서 설명하신 것과 비슷하지만 어딘가 다른 것 같네요."

원균의 말에 나는 그림을 그려 가며 설명했다.

"그렇습니다. 약간 다른 내용이지요. 그림과 같이 원 O의 중심에서

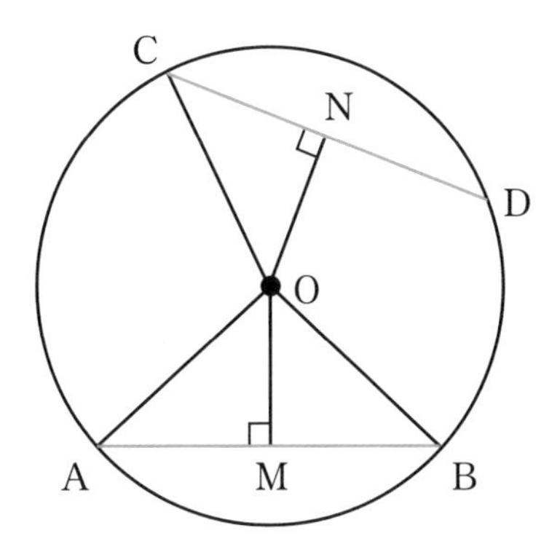

같은 거리에 있는 두 현 AB, CD에 내린 수선의 발을 각각 M, N이라고 하면 $\triangle$OAM과 $\triangle$OCN에서 $\angle$OMA$=\angle$ONC$=90°$이고 두 선분 OA와 OC는 원의 반지름이므로 길이가 같습니다. 또 $\overline{OM}=\overline{ON}$이므로 $\triangle$OAM과 $\triangle$OCN은 합동이고 $\overline{AM}=\overline{CN}$입니다. 그런데 $\overline{AB}=2\overline{AM}$, $\overline{CD}=2\overline{CN}$이므로 $\overline{AB}=\overline{CD}$입니다. 즉 원 O의 중심에서 같은 거리에 있는 두 현 AB와 CD의 길이가 같습니다."

그러자 이억기가 지금까지의 내용을 정리해 줬다.

"한 원에서 중심으로부터 같은 거리에 있는 두 현의 길이는 같습니다. 또 길이가 같은 두 현은 원의 중심으로부터 같은 거리에 있습니다."

그제야 원균은 이번 작전을 이해했다.

"이제야 알 것 같습니다. 그럼 이 작전의 시작은 먼저 적선들을 정확히 원형으로 둘러싸는 것이군요."

다음 날 아침 나는 대여섯 척의 판옥선을 거느리고 적들이 정박해 있는 사등면 포구로 향했다. 나는 판옥선을 견내량 입구의 해간도에서 정지시켰다. 이곳에서 한산도 앞바다까지는 약 18km였고, 9시에서

12시 사이에 조수는 견내량에서 한산도 쪽으로 흘렀다. 조수의 유속을 시속 2km정도로 보면 노젓기를 감안했을 때 왜군 함대는 약 18km를 2시간에 걸쳐 노를 저어서 가야 했다. 반면 우리 수군은 해간도에서 출발하기 때문에 노를 저어서 갈 거리가 짧았다. 또 대포 사격이 주된 공격 수단이었으므로 설사 팔 힘이 빠진다 해도 전력에 큰 손실이 가지는 않을 것이라고 예상했다. 사실 나와 이억기 그리고 원균의 함대에서 힘이 빠질 것은 우리뿐일 것이기 때문이다. 이억기와 원균의 함대는 섬 그늘에 숨어서 힘을 비축하고 있었다. 반대로 왜군 함대는 조총, 활, 일본도가 주된 공격 수단이기 때문에 팔 힘이 얼마나 남아 있느냐가 전력에 큰 영향을 준다.

나의 함대가 나타나자 적선들이 일시에 돛을 달고 쫓아 나왔다. 작전대로 우리 배는 거짓으로 물러나면서 돌아 나오자 왜적들도 따라왔다. 우리 함대는 뱀섬을 돌아 방화도와 화도 앞을 경쾌하게 내달렸다. 우리 함대를 쫓는 왜군은 신이 난 듯했다. 아마도 그들은 이제 곧 자신들이 일망타진될 것임을 알지 못하고 자신들의 조총과 일본도로 무너질 조선 함대를 그리고 있었을 것이다.

함대가 한산도 앞바다에 이르자 나는 판옥선을 세 갈래로 나누며 뱃머리를 돌리기 시작했다. 동시에 군악을 울리고 북을 치며 이억기와 원균에게 신호를 보냈다. 우리 함대를 쫓던 왜적의 대장 와키자키는 그제야 우리에게 속은 것을 눈치채고 후퇴를 명했지만 이미 이억기와 원균의 함대가 그들을 가로막고 있었다. 우리의 포위망을 벗어난 14척을 제외하고 나머지 왜선들은 모두 우리 함대의 손안에 있었다.

"쌍학익진을 펼쳐라!"

나의 명령에 우리 함대는 원형으로 적을 에워싸며 각종 총통을 발사하기 시작했다.

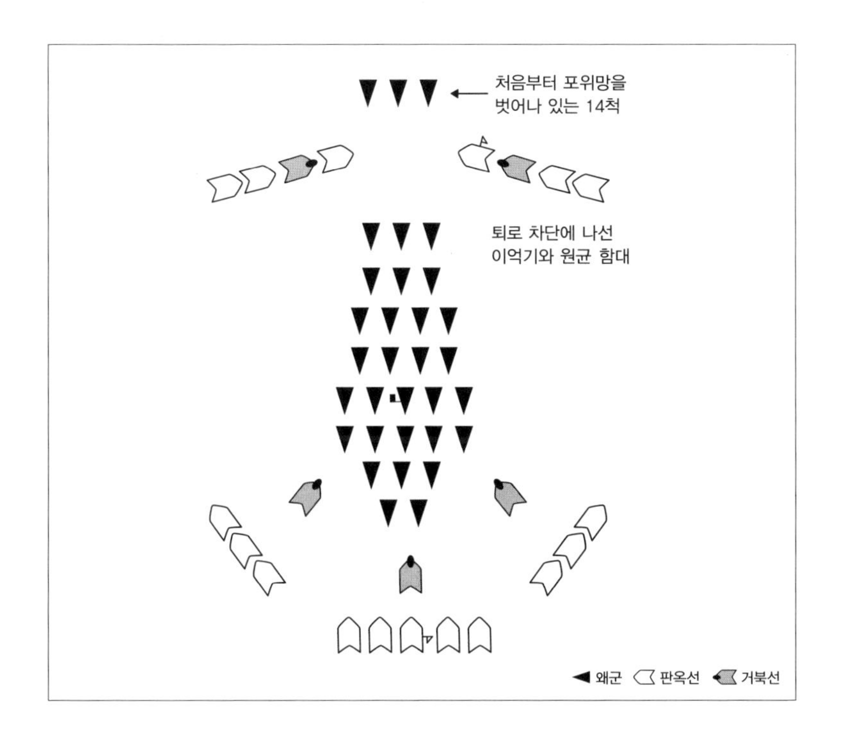

"쾅! 쾅! 쾅!"

적들도 전열을 정비하여 우리에게 조총과 활을 쏘아 댔지만 우리는 그들의 사정거리 밖에 있었기 때문에 맞지 않았다. 왜적들은 사기가 꺾여 물러났고 우리는 승리한 기세로 흥분하며 앞다투어 돌진했다. 화살과 화전을 잇달아 쏘아 대니 마치 바람처럼 우레처럼 적의 배를 불태웠고 적을 사살하기를 일시에 다 해치워 버렸다. 나중에 안 사실이지만, 왜장 와키자키는 목숨을 부지하기 위하여 화려한 갑옷과 투구를 벗고 알몸으로 바다로 뛰어들어 탈출했다고 한다.

이번 전투에서 우리는 왜적의 큰 배 35척, 중간 배 17척, 작은 배 7척 등 모두 59척을 깨뜨렸기 때문에 모두 73척 중에서 탈출한 왜선은 14척에 불과했다. 완벽한 승리를 거뒀다. 날이 어두워져서 적들을 더 추격할 수 없었기 때문에 우리 함대는 견내량 내항에서 진을 치고 밤을 지냈다.

7

임진년 8월

사주팔자에 담긴 진법의 원리

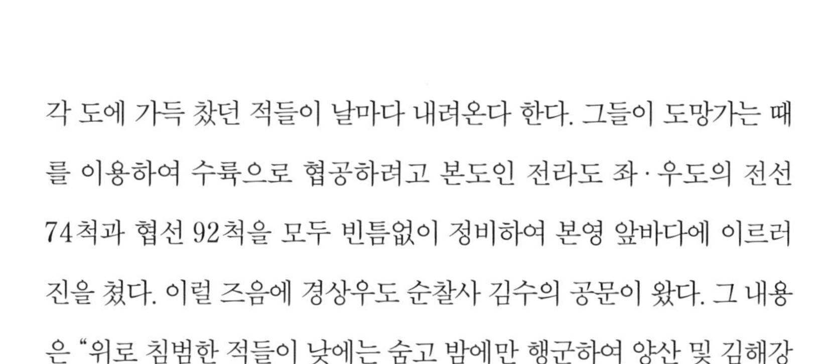

각 도에 가득 찼던 적들이 날마다 내려온다 한다. 그들이 도망가는 때를 이용하여 수륙으로 협공하려고 본도인 전라도 좌·우도의 전선 74척과 협선 92척을 모두 빈틈없이 정비하여 본영 앞바다에 이르러 진을 쳤다. 이럴 즈음에 경상우도 순찰사 김수의 공문이 왔다. 그 내용은 "위로 침범한 적들이 낮에는 숨고 밤에만 행군하여 양산 및 김해강 등지로 잇달아 내려오는데, 짐을 가득 실은 것으로 보아 도망가려는 것이 분명하다."였다.

이달 24일 오후 4시쯤에 배를 출항하고 노질을 재촉하여 노량 뒤쪽 바다에 이르러 정박했다. 한밤중 12시에 달빛을 타고 배를 몰아 사천 모자랑포에 이르니 벌써 날이 새었다. 새벽안개가 사방에 끼어서 지척을 분간하기 어려웠다. 오전 8시쯤에 안개가 걷혔다. 삼천포 앞바다를 지나서 거의 당포에 이르러 경상우수사 원균을 만나 배를 매어 놓고 이야기를 나누었다. 이날 오후 4시쯤에 당포에 정박하여 밤을 지냈다.

27일에 원균을 다시 만나 여러 가지 일을 의논한 후 배를 옮겨 거제 칠천도에 이르렀다. 그곳에서 웅천현감 이종인의 보고를 받았다.

"왜적의 머리 35개를 베었습니다."

나는 그의 용감함을 칭찬했다. 다시 배를 몰아 서원포를 건너니 벌써 밤 10시였다. 하늬바람이 세게 불었고 나그네의 회포가 어지러웠다.

날이 밝자 좌도별장 우후 이몽구가 적의 큰 배 한 척을 쳐부수고 머리 한 급(전쟁에서 죽인 적군의 머리를 세는 단위)을 벤 뒤에 군사를 좌우로 나누어 두 강으로 들어가려 했다. 그러나 그 입구가 매우 좁아서 판옥선이 쉽게 싸울 수 없었다.

어두워질 무렵 가덕 북쪽으로 되돌아 와서 밤을 지내면서 원균, 이억기와 함께 상의했다. 그때 원균이 조바심을 내며 말했다.

"앞으로 우리 수군은 어찌될까요?"

"그것이 그렇게 궁금하시다면 제가 재미로 점을 보아 드릴까요?"

내가 말하자 원균은 점을 봐 달라고 했다.

"그러려면 먼저 수를 표현하는 진법에 대하여 알아야 합니다."

"진법이 무엇입니까?"

"현재 우리는 10개의 숫자만을 사용하여 많은 수를 나타내는 십진법을 사용하고 있습니다. 수의 자리가 왼쪽으로 하나씩 올라감에 따라 자리의 값이 10배씩 커지는 표시법이지요. 십진법의 수를 10의 거듭제곱을 써서 십진법의 전개식으로 나타내어 보면 보다 자세하게 수의 구성을 이해할 수 있을 것입니다. 그렇지만 십진법 이외에도 진법의 세계는 매우 다양하지요."

나는 32645를 십진법의 전개식으로 원균에게 보여 줬다.

$$32645=3\times10^4+2\times10^3+6\times10^2+4\times10+5$$

"수는 이진법으로도 나타낼 수 있습니다. 십진법과 마찬가지로 이진법은 자리가 하나씩 올라감에 따라 자리의 값이 1, 2 ,2^2,2^3으로 2배씩 커지지요. 예를 들어서 이진법으로 나타낸 수 $11011_{(2)}$는 $11011_{(2)}=1\times2^4+1\times2^3+0\times2^2+1\times2+1$이고, 이 수는 십진법으로 27과 같습니다."

"또 다른 진법도 십진법과 이진법처럼 수를 나타낸다는 말씀이군요."

"그렇습니다. 오진법이면 5의 거듭제곱을 이용하여 수를 전개할 수 있습니다. 만약 12진법이면 12의 거듭제곱을 이용하여 수를 전개할 수 있지요."

"그럼 예로부터 많이 사용했던 진법에는 어떤 것들이 있습니까?"

"이진법, 오진법, 십진법, 12진법 그리고 60진법 등이 있습니다."

"60진법까지요? 그건 좀 어렵겠군요. 그런데 이런 진법이 점술과 무슨 관련이 있는 것입니까?"

원균의 질문에 나는 본격적으로 진법과 점술의 관계를 이야기하기 시작했다.

"흔히들 사주팔자(四柱八字)라고 하는 것에 대하여 간단하게 알아봅시다. 그러기 위하여 먼저 음양오행을 알아야 합니다. 음양오행은 말 그대로 '음(陰)'과 '양(陽)' 그리고 '오행(五行)'입니다. 그중 '오'는 목(木), 화(火), 토(土), 금(金), 수(水)의 5가지를 말하며 '행'은 이 5가지가 쉬지 않고 움직여 삼라만상과 인생 여정에서 길흉화복을 변하게 하는 요소가 된다는 것입니다. 사실 오행사상은 수학의 5진법이라고 할 수 있지요."

그러자 이억기가 나섰다.

"오행은 스스로 작용하여 나무(木)는 불(火)을 살리고, 불은 타고 나면 재가 되어 다시 흙(土)이 됩니다. 흙은 오랫동안 눌리고 다져져서 돌이 되고 다시 쇠(金)가 되며, 돌이나 쇠가 있으면 차가운 기운이 생기고 이 기운으로 이슬과 같은 물(水)이 생기지요. 또한 물이 있어야 나무(木)가 살 수 있습니다. 이런 이치는 『주역』을 읽어 보면 알 수 있습니다. 원 수사께서는 『주역』을 읽어 보지 않으셨는지요?"

원균이 『주역』을 읽어 보지 못했다고 하자 이억기는 조금 더 설명하기 시작했다.

"어쨌든 음과 양, 두 개의 기본 요소에 의하여 사방(四方)이 생기고, 8괘가 됩니다. 8괘는 건(乾, ☰), 태(兌, ☱), 이(離, ☲), 진(震, ☳), 손(巽, ☴), 감(坎, ☵), 간(艮, ☶), 곤(坤, ☷)이며, ⚊은 양이고 ⚋은 음을 나타내지요. 8괘는 ⚊을 1로, ⚋을 0으로 표현하여 이진법으로 바꿀 수 있습니다. 즉, 건(☰)은 $1\times2^2+1\times2+1=7$이고, 태(☱)는 $1\times2^2+1\times2+0=6$이며, 이(☲)는 $1\times2^2+0\times2+1=5$이지요. 이와 같은 방법으

로 나머지가 차례대로 4, 3, 2, 1, 0을 나타낸다는 것을 알 수 있습니다."

"태극의 8괘에 이런 깊은 뜻이 숨어 있다는 것을 오늘에야 알았습니다."

원균은 신기하다는 듯 이억기의 설명을 들었고, 이억기는 계속해서 말했다.

"어째든 8괘가 다시 64괘가 되고 다시 64×64=4,096괘가 되어 4096×4096=16,777,216개의 수리가 나타나게 됩니다. 여기에 천간(天干)과 지지(地支)가 있어 이들 사이의 오묘한 조화를 수리로 푼 것이 소위 말하는 '사주팔자'지요."

천간은 갑(甲), 을(乙), 병(丙), 정(丁), 무(戊), 기(己), 경(庚), 신(辛), 임(壬), 계(癸)의 10개고, 지지는 자(子, 쥐), 축(丑, 소), 인(寅, 호랑이), 묘(卯, 토끼), 진(辰, 용), 사(巳, 뱀), 오(午, 말), 미(未, 양), 신(申, 원숭이), 유(酉, 닭), 술(戌, 개), 해(亥, 돼지)의 12개다. 그리고 이들은 각각 십진법과 12진법의 원리에 따라 순환한다. 천간의 첫 글자인 갑과 지지의 첫 글자인 자를 시작으로 차례대로 진행하여 60개가 조합된 것을 '육십갑자' 또는 '육갑'이라고 한다. 우리가 흔히 환갑(環甲) 또는 회갑(回甲)이라고 하는 만 60번째 생일은 이런 의미에서 처음으로 돌아온 것이므로 1갑자라고 한다. 이는 바로 10진법의 천간과 12진법의 지지를 이용하여 60진법을 만든 것이다. 10개의 천간과 12개의 지지가 60을 이루는 것은 10과 12의 최소공배수가 60이기 때문이다. 나는 이에 대하여 원균에게 간단히 설명하고 말을 이었다.

"사주(四柱)란 4개의 기둥을 말하며 어떤 사람이 태어난 해, 월, 일,

시의 천간과 지지가 결합하는 4개의 조합입니다. 이것은 모두 8개로 구성됩니다. 따라서 '사주'와 '팔자'가 태어나는 순간 결정되는 것입니다."

나는 원균에게 사주에 대하여 더 설명했다. 예를 들어 갑은 양목이며 이는 큰 나무와 오래된 나무를 뜻한다. 그리고 을은 음목이므로 작은 나무와 새로 피어나는 나무 등으로 해석하면 된다. 또한 양토는 부드러운 흙을, 음토는 물기를 먹고 있는 흙을 상징하고, 옛날부터 흙은 '토지' 즉, 재산을 의미하기도 한다. 또한 각 동물들은 나름대로 특색이 있는데 이러한 특색이 그대로 인간에게 적용된다. 특히 서로 잘 어울리는 동물을 '삼합', 그렇지 않은 동물을 '원진'이라고 한다. 즉, 사주에 삼합인 동물이 들어 있으면 좋은 사주고, 원진이 있으면 좋지 않은 것이다. 원진은 두 가지씩 짝지어지는데, 쥐와 양(쥐는 양의 배설물을 싫어한다), 소와 말(소는 말의 게으름을 싫어한다.), 호랑이와 닭(호랑이는 닭의 울음을 싫어한다), 토끼와 원숭이(토끼는 원숭이 궁둥이를 싫어한다), 용과 돼지(용은 돼지의 코를 싫어한다), 뱀과 개(뱀은 개 짖는 소리를 들으면 허물을 벗다가 죽는다) 등이다. 소위 말하는 '원진살'은 없는 것이 좋다. 이 원진은 남녀의 궁합을 보는 기본이 된다. 사주에는 가족 관계, 자신의 건강 상태 등도 들어 있다.

여기까지 설명하자 원균이 내게 말했다.

"그렇다면 사람은 누구나 태어날 때 이미 운명이 정해져 있다는 말씀입니까? 그렇다면 이번 전쟁에서 우리가 이길지, 질지도 이미 결정됐다는 말인데요?"

"그건 아닙니다. 이런 모든 요소들의 작용에 의하여 인간의 길흉화복이 결정된다는 것이 운명론입니다. 현재에도 많은 사람들이 운명론을 믿고 있지요. 그러나 역(易)이라 함은 '변한다'는 뜻입니다. 즉, 자신의 노력으로 얼마든지 운명을 바꿀 수 있다는 의미지요."

"60진법은 매우 복잡한군요. 왜 이렇게 복잡한 진법을 사용했는지요?"

"10이라는 수는 60에 비하여 융통성이 덜한 수입니다. 두 수의 약수를 생각하면 10에는 2와 5, 두 개의 약수뿐입니다. 하지만 60에는 2, 3, 4, 5, 6, 10, 12, 20, 30 등 모두 10개의 약수가 있지요. 실생활에서는 어떤 수를 2, 3, 4, 5 등의 수로 나눌 필요가 많이 발생합니다. 간단한 예로 4로 10을 나눌 수 없으나 60을 나눌 수는 있으므로 10진법보다는 60진법이 소수의 복잡한 계산을 피하는 데 유용하지요. 60진법을 사용한 가장 큰 이유는 소수로 나타낼 수 있는 분수의 가짓수가 10진법의 경우보다 많기 때문입니다."

원균에게 더 자세히 설명하기 위하여 나는 수직선을 하나 그었다.

"실제로 어떤 구간이 주어지면 이 구간을 10등분하여

$$0.1,\ 0.2,\ 0.3,\ \cdots,\ 0.9,\ 1$$

등을 만들 수 있고, 등분된 각각의 작은 구간을 다시 10등분하면

$$0.01,\ 0.02,\ \cdots,\ 0.09,\ 0.1$$

을 얻지요. 이와 같은 방법으로 계속하면 우리는 분수로 표현된 수를 소수로 고칠 수 있습니다. 그러나 불행하게도 이런 식의 분해는 간단한 분수인 $\frac{1}{3}$ 조차도 소수로 나타낼 수 없습니다. 그 이유는 3은 10의 약수가 아니기 때문입니다."

"그렇군요. 수를 표현하는 방법이 이렇게 다양한지 미처 몰랐습니다. 설명 잘 들었습니다."

지금까지 원균에게 설명한 것과 같이 사주팔자에는 2진법, 5진법, 10진법, 12진법 그리고 60진법이 모두 사용되고 있다. 우리 선조께서 뛰어난 수학적 감각으로 다양한 진법을 자유자재로 사용하고 있었던 것이다. 그래서 나는 가끔 마음이 답답하고 울적할 때 점을 친다. 이는 내가 앞일을 알고자 함이 아니고 어두운 심정을 달래기 위함이다. 그런데 이번 점괘가 불길하다. 다음번 전투에서 승리는 하지만 나의 오른팔을 잃는다고 나왔다.

8

임진년 9월 부산포해전

적군의 수를 어림하기

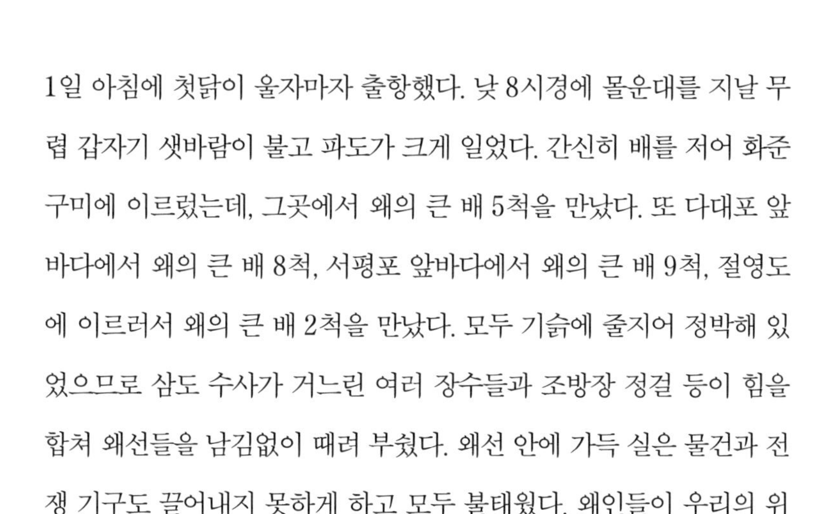

1일 아침에 첫닭이 울자마자 출항했다. 낮 8시경에 몰운대를 지날 무렵 갑자기 샛바람이 불고 파도가 크게 일었다. 간신히 배를 저어 화준구미에 이르렀는데, 그곳에서 왜의 큰 배 5척을 만났다. 또 다대포 앞바다에서 왜의 큰 배 8척, 서평포 앞바다에서 왜의 큰 배 9척, 절영도에 이르러서 왜의 큰 배 2척을 만났다. 모두 기슭에 줄지어 정박해 있었으므로 삼도 수사가 거느린 여러 장수들과 조방장 정걸 등이 힘을 합쳐 왜선들을 남김없이 때려 부쉈다. 왜선 안에 가득 실은 물건과 전쟁 기구도 끌어내지 못하게 하고 모두 불태웠다. 왜인들이 우리의 위세를 보고 놀라서 산으로 올라갔기 때문에 머리를 베지는 못했다. 그리고 절영도 안팎을 샅샅이 뒤졌으나 적의 종적을 찾을 수 없었다.

왜군의 수송선들이 김해와 부산 사이를 왕래하고 있다는 것은 왜군들이 낙동강을 주보급로로 이용하고 있다는 증거였다. 그래서 작은 배를 부산 앞바다로 보내어 왜선들을 찾아보게 했더니, 돌아온 탐망꾼은 이렇게 보고를 했다.

"약 500척의 배들이 선창 동쪽 산기슭의 언덕 아래 줄지어 정박해 있으며 선봉 왜의 큰 배 4척이 바다로 향해 나오고 있습니다."

탐망꾼의 보고에 의하면 이번 전투는 많은 적선을 상대해야 하기 때문에 적의 형세를 정확히 파악하는 것이 중요했다. 그래서 나는 왜선의 규모를 더 정확히 알아야 했다.

"적선의 수를 반올림하여 보고한 것이냐?"

내가 묻자 탐망꾼이 물었다.

"반올림이 무엇인지요?"

그래서 나는 급히 도훈도를 불러 탐망꾼에게 반올림에 대하여 알려주라고 했다. 그사이 나는 이억기와 더불어 작전을 세워야 했다. 도훈도는 탐망꾼에게 반올림에 대하여 설명하기 시작했다.

"반올림을 알려면 우선 올림과 버림에 대하여 알아야 하네."

"올림과 버림이라고요?"

"그렇다네. 올림은 구하려는 자리의 아래에 0이 아닌 수가 있으면 구하려는 자리의 수를 1로 '크게' 하고, 그 아랫자리의 수를 모두 0으로 나타내는 것이라네. 예를 들어 3,572를 올림하여 10의 자리까지 나타내려면 1의 자리에서 올림하여 3,580이 되지. 또 100의 자리까지 나타내려면 10의 자리에서 올림하여 3,600이지."

"그런데 올림은 왜 하나요?"

"예를 들어 달걀을 123알이 필요한데 10알씩 묶음으로만 판다고 해 보세."

"그럼 13묶음인 130알을 사야겠군요."

"그렇지. 바로 그럴 때 올림이 필요하지."

"잘 알겠습니다. 그럼 버림은 무조건 버리는 것인가요?"

"그렇다네. 구하려는 자리의 아랫자리의 수를 숫자에 상관없이 무조건 버려서 0으로 나타내는 것이지. 이를테면 3,572를 버림하여 10의 자리까지 나타내려면 1의 자리에서 버림하여 3,570이 되지. 또 100의 자리까지 나타내려면 10의 자리에서 버림하여 3,500이 되지."

"알겠습니다. 그럼 버림하여 천의 자리까지 나타내면 3,000이 되겠군요. 그렇다면 버림은 어느 경우에 사용하나요?"

"달걀 123알을 10알씩 묶으려고 한다면 몇 묶음으로 만들 수 있겠는가?"

"그거야 12묶음을 만들 수 있습니다."

"그렇지. 그때 남은 3알은 묶음을 만들 수 없기 때문에 123을 1의 자리에서 버림하면 120이 되는 것이라네."

"알겠습니다. 그럼 아까 말씀하신 반올림은 반만 올리는 것인가요?"

"반올림은 구하려는 자리의 한 자리 아래 숫자가 0, 1, 2, 3, 4면 버리고 5, 6, 7, 8, 9면 올리는 방법을 말한다네. 즉, 올림이나 버림과는 달리 구하려는 자리의 한 자리 아래 숫자에 따라 올릴 수도 있고 버릴 수도 있는 것이지."

"그렇군요. 그럼 3,572에 대하여 반올림하여 10의 자리까지 나타내려면 2를 버리고 3,570이 되고, 반올림하여 100의 자리까지 나타내려면 10의 자리가 7이므로 올려서 3,600이 되겠군요."

"바로 그렇지. 만약 1,000의 자리까지 나타내려면 100의 자리 숫자가 5이므로 올려서 4,000이 되는 것이지."

"아하. 그래서 장군께서 반올림하여 보고한 것인지 물어보셨군요."

"그렇다네. 그런데 어림한 수의 범위도 알면 더 상세히 보고하고 정확한 작전을 세울 수 있지."

"수의 범위라고요?"

"예를 들어 '5 이상'은 5, 5.1, 9, 100, … 등이고 '5 이하'는 5, 4.9, 0.05, … 등이라네. 이 수들은 너무 많아서 모두 다 쓸 수가 없지. 그래서 수직선을 이용해 나타내기도 한다네. '5 이상인 수'라면 5에 ●을 그린 후 오른쪽으로 선을 그으면 되고 이하라면 왼쪽으로 긋지."

도훈도는 탐망꾼에게 수직선으로 표현하는 이상과 이하를 그려 줬다.

"그럼 이상은 어떤 수와 같거나 큰 수이고, 이하는 어떤 수와 같거나 작은 수를 말하는 것이군요."

"그렇다네. 그런데 수의 범위를 나타내는 방법이 또 있지."

"그것은 무엇입니까?"

"그건 초과와 미만이라네. 초과와 미만은 이상과 이하와는 달리 그 수는 포함하지 않아. 예를 들어 '5 초과'는 5.1, 7, 88, … 등이고 '5 미만'은 4.999, 3, 0.4, … 등이라네. 이 수들 역시 너무 많아서 모두 다 쓸 수가 없기 때문에 수직선을 사용하여 나타낸다네. 그런데 이상과 이하는 ●을 그리지만 초과와 미만은 ○을 그리지. 이 표시는 그 수가 포함되지 않는다는 의미를 가지고 있다네."

도훈도가 여기까지 설명하자 탐망꾼은 무릎을 탁 치며 말했다.

"이제야 정확히 알겠습니다. 다시 장군께 정확히 보고해야겠습니다."

탐망꾼은 나에게 달려와 자기가 보고 온 것들에 대하여 다시 알렸다.

"제가 살펴본 결과 적선은 반올림하여 500척입니다. 그러나 500척 미만입니다."

"그런가? 잘 알겠다."

탐망꾼의 말에 의하면 500척 미만을 반올림했다고 했으므로 450척 보다는 많고 500척 보다는 적다. 그래서 나는 적의 배를 그 중간 정도 되는 약 470척으로 생각하고 이번 전투의 작전을 구상하기 시작했다. 그리고 부산성으로 함대를 이동시키자 그곳 동쪽의 한 산에서 5리쯤 되는 언덕 밑에 왜선이 모두 470여 척이 보였다. 우리의 위세를 보고 두려워서 감히 나오지 못하고 있었다. 여러 전선이 곧장 그 앞으로 돌진하자 배 안과 성 안, 산 위, 굴 속에 있던 적들이 총통과 활을 가지고 거의 다 산으로 올라갔다. 왜군들은 여섯 곳에 나누어 진을 치고 내려다보면서 철환과 화살을 빗발과 우레처럼 쐈다. 그러나 나는 이미 탐망꾼의 보고로 그들의 위세를 알고 있었고, 그에 맞게 작전을 계획했으므로 그대로 실행에 옮기기로 했다.

작전대로 천자·지자총통에다 장군전·피령전, 장전과 편전, 철환 등을 일시에 쏘며 적을 공격했다. 그 결과 삼도의 여러 장수들이 쳐부순 왜선은 100여 척이었다. 우리는 배를 쳐부수는 것이 급하여 총통이나 화살에 맞아 죽은 왜적들의 수를 정확히 헤아릴 시간이 없었다. 왜적은 죽은 동료까지 자신들이 숨어 있던 토굴 속으로 끌고 들어가 숨었다. 그들의 소굴을 불태우고 남은 배들을 모조리 깨부수려고 했지만 위로 올라간 적들이 여러 곳에 널리 가득 차 있어서 반격이 염려되어 공격을 멈추었다. 더욱이 풍랑이 세게 일어 전선이 서로 부딪쳐서 파손된 곳이 있었기 때문에 다음을 기약하며 본영으로 배를 돌렸다.

적들과 부산에서 맞붙어 싸울 때 왜적이 쏜 철환에 우부장인 녹도만호 정운이 전사했다. 정운은 우리 함대 지휘관 중에서 최초의 전사자였다. 그 늠름한 기운과 맑은 혼령이 쓸쓸히 없어져서 뒷세상에 알려지지 못할까 애통했다. 이대원의 사당이 아직도 그 포구에 있으므로 같은 제단에 초혼(사람이 죽었을 때 그 혼을 소리쳐 부르는 일)하고 제사를 지냈다. 지난번 나의 오른팔을 잃는다는 점괘가 맞은 듯해서 애통함이 더했다. 정운의 제사를 지낸 뒤에 우리 함대는 가덕도로 돌아왔지만, 정운의 죽음이 너무 애통하여 잠을 이루지 못하고 밤새 통곡했다. 정운의 전사는 나에게도 책임이 있었다. 이런 불상사를 막기 위해 내가 할 수 있는 것은 우리 수군을 더 철저히 훈련시키는 것이다.

9

계사년(1593년) 2월

명령을 전달하는 깃발과 연(이산수학)

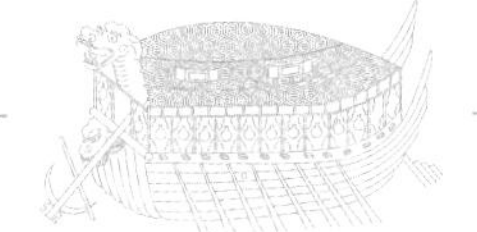

나는 왜적이 침입하기 전부터 그들이 우리나라를 범할 것을 알고 있었다. 그래서 거북선을 준비했고, 수군을 훈련시켰다. 거북선을 위해 특별히 힘이 세고 지구력이 강한 격군들을 뽑았다. 거북선이 적진을 누비며 좌충우돌의 충돌전을 벌이기 위해서는 아무래도 빠른 기동력이 필수였다. 사수들 역시 민첩하고 근성이 강한 이들로 선발했다. 적진 깊숙이 들어가서 명중탄을 퍼부어야 하기 때문이다. 우리는 왜란이 일어나기 전부터 거북선을 중심으로 세운 새로운 전술과 진법을 집중적으로 훈련했다. 그리고 훈련을 하면 할수록 새롭게 얻는 것들이 많았다.

18일 아침에 출항하여 웅천에 이르니 적의 형세가 여전했다. 사도첨사 김완을 복병장(복병: 적을 기습하기 위하여 적이 지날 만한 길목에 군사를 숨김. 또는 그 군사)으로 임명하여 여도만호, 녹도가장, 좌우별도장, 좌우돌

수군조련도(水軍操鍊圖). 충청·전라·경상 3도 수군이 모여 훈련하는 모습을 그린 그림이다.

격장, 광양이선, 흥양대장, 방답이선 등을 거느리고 송도에 숨도록 했다. 모든 배들로 하여금 적을 유인케 하니 과연 적선 10여 척이 따라 나왔다. 경상도 복병선(숨어 있던 배) 5척이 날쌔게 나가 쫓을 때 나머지 복병선들이 일제히 적선들을 에워싸고 여러 무기들을 쏘아 댔다. 죽은 왜적의 수효를 알 수 없었다. 적의 기세가 크게 꺾여 다시는 나와서 싸우려 하지 않았다. 날이 저물어 사화랑으로 돌아왔다.

20일 새벽에 출항하자 샛바람이 약간 불었다. 그러나 적을 만나 교전할 때에는 바람이 세게 불어 배들이 서로 부딪치고 깨질 지경이었다. 배를 거의 감당할 수 없어서 호각을 불고 초요기를 올려 싸움을 중지시켰다. 우리 수군의 판옥선들은 호각을 여러 번 분 이후에야 비로소 알아들었지만 다행히 배들은 크게 손상되지 않았다. 소진포로 돌아와 밤을 지냈다. 이날 사슴 떼가 동서로 달아났는데, 순천부사 권준이 한 마리를 잡아왔기에 그와 사슴 고기를 안주로 술을 한잔하며 이야기를 나누었다.

"장군. 내일은 적들을 일망타진할 수 있을까요?"

"날씨가 좋다면 적을 모조리 섬멸할 수 있을 것이오."

"오늘 우리 배들이 서로 뒤엉켜서 큰일 날 뻔했습니다."

"그래서 내일은 깃발로 신호하는 것을 병사들에게 훈련시켜야겠소. 전투 중에는 호각을 불거나 북을 울려도 소리를 듣지 못하는 경우가 많소. 그래서 깃발을 이용한 신호를 숙지시켜야 하겠소."

"깃발로 신호를 하면 전투 중에도 신속히 명령을 전달할 수 있겠군요."

"그렇소. 깃발은 크게 보아 부대의 지위를 상징하는 것, 신호를 위한 것, 진법을 형성하기 위한 것으로 나눌 수 있소. 그중 가장 중요한 것은 신호를 위한 것이오. 깃발의 색깔과 모양을 적절히 활용하면 다양한 명령을 전달할 수 있소."

"어떤 원리가 있는지요?"

권준의 말에 나는 여러 가지 깃발에 대하여 설명했다. 우리에게는 조선 초기부터 깃발에 대한 쓰임새를 소개한 『오위진법(五衛陣法)』이라는 책이 있었다. 이 책에는 깃발을 여러 가지 색과 모양으로 만들고 적당한 순서로 펼쳐 명령을 전달하는 방법이 소개되어 있다. 그러나 이 책에 있는 내용을 모두 설명할 시간이 없었기 때문에 몇 가지만 간추려서 권준에게 말했다.

"기본적으로 깃발은 빛깔에 따라 청색, 황색, 적색, 백색, 흑색의 다섯 종류가 있으며 각기 해당 방위의 색을 따른 것이오. 이것은 대장이 각 위장에게 명령할 때 사용하지요."

나는 다섯 가지 색의 깃발을 『오위진법』에서 찾아 권준에게 보여 줬다.

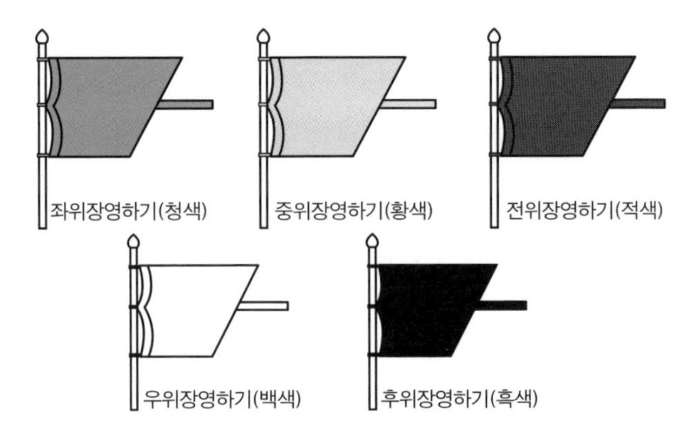

"그럼 각 위장이 대장의 명령에 응할 때는 어떤 깃발을 사용하는지요?"

"위의 깃발에서 깃술이 하나 없는 것을 사용하지요."

나는 대장의 명령에 응할 때 사용하는 깃발의 그림을 보여 줬다.

"모양을 조금씩 다르게 하여 명령을 전달하는군요."

"그렇소이다. 모양을 조금 바꾸어 각 위장 밑에 있는 지휘관에게 명령을 전달하고 수행할 수 있소. 그리고 각 지휘관이 맡은 위치에 따라

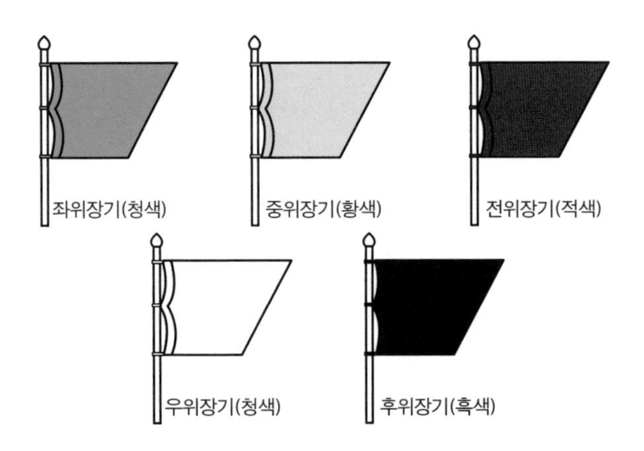

색을 정하여 사용하지요. 이렇게 몇 개의 색깔과 모양을 조합하여 다양한 명령을 내리고 또 명령을 잘 수행하겠다는 확인까지 할 수 있소. 이것은 이산수학의 기본적인 개념을 이용한 것이지요."

"이산수학이라고요? 그것이 무엇입니까?"

권준의 물음에 나는 이산수학에 대하여 설명하기 시작했다.

"'이산'이란 '연속'에 대칭되는 말로써 낱낱의 개체가 떨어져 있다는 뜻이오. 간단히 말해서 연필로 선을 그을 때 종이에서 연필을 떼지 않고 쭉 그리는 것이 연속이라면, 점을 하나하나 찍어 가며 그려 가는 것을 이산이라고 할 수 있지요. 경우의 수를 세는 것 등이 이산수학에 해당합니다. 특히 조합론이 가장 큰 영역을 차지하지요."

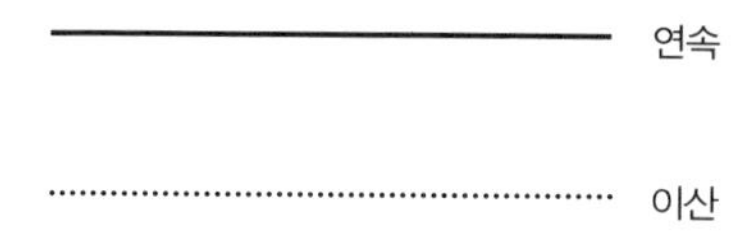

"그렇군요. 이산수학이 예전에도 있었나요?"

"옛날에는 수학적 게임 등에 숨어 있는 수학으로써 오락 정도에 그쳤소. 하지만 오늘날에는 순수 수학뿐만 아니라 응용 수학에서도 대단히 중요한 위치를 점하고 있지요."

"이산수학 중에서도 특히 조합론이 가장 큰 영역을 차지한다고 하셨는데, 조합론은 무엇인가요?"

"조합론의 주된 관심사는 모두 4가지라오. 첫째는 특정한 규칙의 배열이 존재하는가 하는 배열의 존재성이고, 둘째는 그런 배열이 존재한다면 몇 개나 존재하는가 하는 배열의 개수이고, 셋째는 그런 배열 중에서 어떤 배열이 최적의 배열인가 하는 최적 배열 찾기며, 마지막은 배열의 구조는 어떠한가 하는 배열의 구조 분석이오."

"결국 조합론이란 이산적 구조에 대한 존재성, 계수, 최적화 문제, 구조 분석을 다루는 수학의 한 분야라는 말씀이군요."

"하하하. 역시 순천부사는 뛰어나시오. 한 번에 그 모든 것을 이해하시다니."

"별말씀을 다 하십니다. 장군에 비하면 저는 아직 멀었습니다."

"깃발 이외에도 연을 이용하여 서로 소식을 전할 수도 있지요."

"연이라고요?"

"전쟁에서 신속한 명령 전달은 승패를 판가름하지요. 효율적으로 만들어진 신호 체계는 전력을 극대화시킬 수 있기 때문이오. 그래서 우리는 깃발과 함께 연도 사용하지요."

나는 권준에게 몇 가지 연을 보여 줬다.

"그렇군요. 지금까지 저는 주로 북이나 호각 소리로만 명령을 전달

기바라기연(야간)
맞붙어 싸우라는 명령

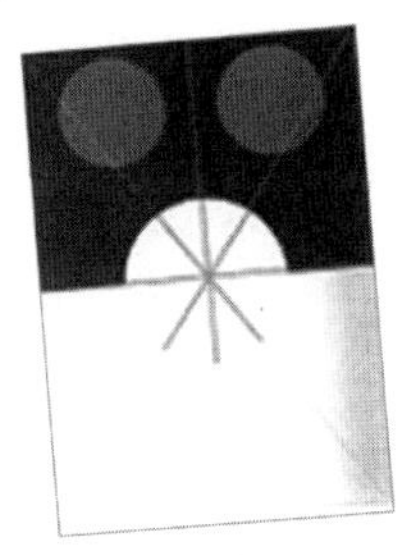
반장연
소형선 함장 소집 명령

아랫까치당가리연
오후 전투 명령

했는데 이제부터는 깃발과 연도 사용해야겠습니다."

"어째든 우리는 이산수학을 이용하여 깃발을 다양하게 배열하여 전하고 싶은 명령을 신속하게 전달해서 전투를 승리로 이끌어야 하오. 그런데 이때 수학적인 생각이 필요하지요."

"수학적인 생각이라고요?"

"그렇소. 수학적인 생각은 수학적으로 생각하여 주어진 문제를 해결하는 방법이라고 할 수 있겠지요."

"예를 하나 들어 주실 수 있으십니까?"

"여기 정육면체인 두부 한 모가 있다고 합시다. 이것을 똑같은 크기 27개로 자르려고 합니다. 두부를 27개의 조각으로 자를 때 가장 적은 횟수의 칼질은 몇 번일까요?"

나의 질문에 권준은 한참을 생각하더니 답을 했다.

"6번이면 되겠습니다."

"맞소이다. 그럼 왜 6번일까요?"

"그거야 그림처럼 위에서 2번, 가로로 2번, 세로로 2번 자르면 되기 때문입니다."

"그렇다면 진짜 6번이 가장 적은 칼질의 횟수인지요?"

"그건 잘 모르겠습니다."

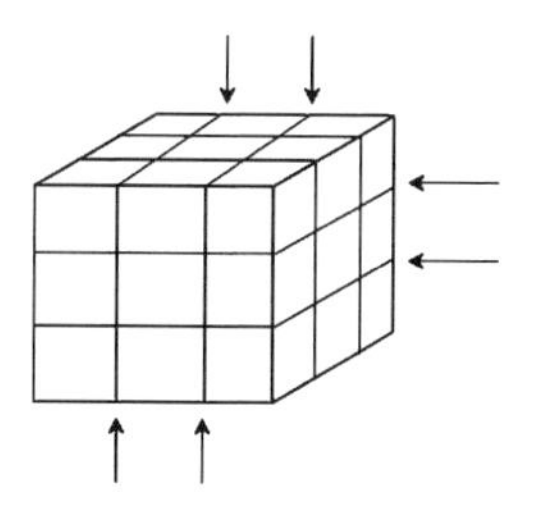

"이것이 바로 수학적 생각이오. 같은 모양, 같은 크기를 유지하면서 만들려면 정육면체로 나눠야겠지요. 이때 두부의 가운데에 있는 작은 정육면체는 6개의 면을 가지고 있습니

다. 그 6개의 면을 만들어 내려면 정확하게 6번의 칼질이 필요하지요. 이 정육면체 이외의 26개의 정육면체는 적어도 한 면이 자르기 전의 큰 정육면체의 일부였기 때문에 기껏해야 5개의 새로운 면만 만들면 되오."

"그렇군요. 이제야 이산수학과 수학적 생각에 대해 이해하겠습니다."

다음 날 새벽에 바람이 세게 불었지만 나는 우리 함대에게 깃발 신호에 대하여 설명하고 이를 훈련하기 시작했다. 훈련은 하루 종일 고되게 이어졌지만 모든 병사들이 잘 따라 줬기 때문에 우리 함대는 하루만에 깃발 신호로 명령을 전달할 수 있게 됐다.

22일 새벽에 우리 함대는 출항하여 사화랑에 이르러 바람이 멎기를 기다렸다. 이윽고 바람이 멎은 듯해서 깃발로 신호를 보내 왜적이 있는 육지로 곧장 상륙하는 체하자 왜적들이 당황하여 갈팡질팡했다. 이 틈에 다시 전투 개시를 알리는 깃발 신호를 보내니 적들은 세력이 분산되고 약해져서 거의 섬멸됐다. 그러나 발포의 배 2척과 가리포의 배 2척이 적진으로 돌진하다 그만 얕은 곳에 얹혀 적에게 습격을 받았다. 또 진도의 배 한 척도 적에게 포위되어 거의 구하지 못하게 될 뻔했는데 우후가 곧 달려가 구해 냈다. 경상좌위장과 우부장은 우리 군의 위험한 상황을 보고도 못 본 체하고 끝내 구하지 않았으니 그 괘씸함을 이루 표현할 길이 없다. 이는 모두 경상우수사 원균의 탓이다. 원래 약속한 신호를 무시하고 적의 머리를 베는 데 혈안이 되어 우리 배를 곤경에 빠뜨렸고, 심지어 구하러 가지도 않았다. 분한 마음을 달래며 돛을 달고 소진포로 돌아왔다.

10

계사년 3월 웅천포해전

왜성까지 거리를 구하는 구고현의 정리

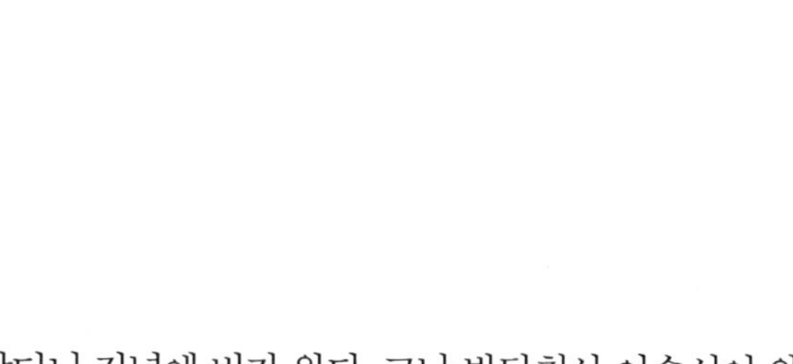

3월 첫날에 잠깐 맑더니 저녁에 비가 왔다. 그날 방답첨사 이순신이 와서 순천부사 권준이 병이 났다고 전했다. 나도 지난해 5월에 있었던 사천포해전에서 입은 상처가 아직도 완전히 아물지 않아서 가끔 쑤시고 아팠다. 사람을 순천으로 보내 권준의 안부를 묻도록 했다. 그 사이 원균 휘하의 기지대장인 이영남과 이여념이 왔는데, 그들에게 원균의 비리를 들으니 한탄스럽다.

왜군들이 '함경도의 가토 기요마사 군이 평양을 공격하기 위해 설한령을 넘고 있다.'는 헛소문을 퍼뜨렸다. 이 소문을 들은 명나라의 장수 이여송은 평양까지 후퇴했다고 한다. 설한령은 낭림산맥의 한 고개로 압록강 부근이다. 나는 한때 함경도에서 군관 생활을 한 적이 있기 때문에 설한령에 대해서도 잘 알고 있다. 그래서 가토 군이 개마고원을 지나 설한령을 넘고 평양으로 간다는 것은 거리가 멀어도 너무 멀기 때문에 불가능하다고 생각했다. 때문에 이것은 왜군들이 퍼뜨린 헛소문임을 쉽게 알 수 있었다. 그런데 이 소문에 속은 명군이 평양성으로 퇴각했다니 통분함을 이길 길이 없다.

나는 임진년에 왜적이 침입하기 전부터 군을 경영하는 것은 직접하고 행정은 순천부사 권준에게 맡겨 왔다. 그는 행정력이 뛰어나 내가 군영을 엄격하게 하는 데 큰 도움이 됐다. 그런데 요즘 권준이 병을 앓고 있어서 걱정이 많다. 다행히 오늘 권준의 병세가 조금 나아졌다기에 적을 치기로 약속했다.

왜적은 우리 수군이 부산으로 진출하는 것을 저지하기 위하여 웅천에 왜성을 쌓았다. 우리 함대는 웅천의 왜성을 공격하기 위하여 6일 새벽에 출항했다. 지루한 봄장마에 병이 든 병사가 많았지만 왜적도 마찬가지일 것이라고 생각했다. 웅천의 왜적들은 성을 쌓고 우리의 길을 막고 있었다. 나는 바다에서 그 성에 총통을 쏘아 공격하기로 하고 도훈도를 불렀다. 그러자 방답첨사 이순신이 내게 물었다.

"장군. 왜성을 공격하는 데 도훈도는 왜 부르시는지요?"

"웅천 왜성을 총통으로 공격하려면 배에서 성까지의 거리를 알아야 합니다. 그러려면 도훈도가 구고현의 정리로 거리를 구해야 합니다."

"구고현의 정리라니요?"

나는 방답에게 직각삼각형을 그려서 구, 고, 현이 뜻하는 것을 설명했다.

"구고란 직각삼각형을 뜻하는 것이오. 직각삼각형의 빗변을 현, 직각을 낀 두 변 중에서 긴 변을 고, 짧은 변을 구라고 하지요. 직각삼각형의 세 변 사이에서 성립하는 구고현의 정리의 기원은 중국의 아주 오래된 천문학 책인 『주비산경』으로 거슬러 올라가지요."

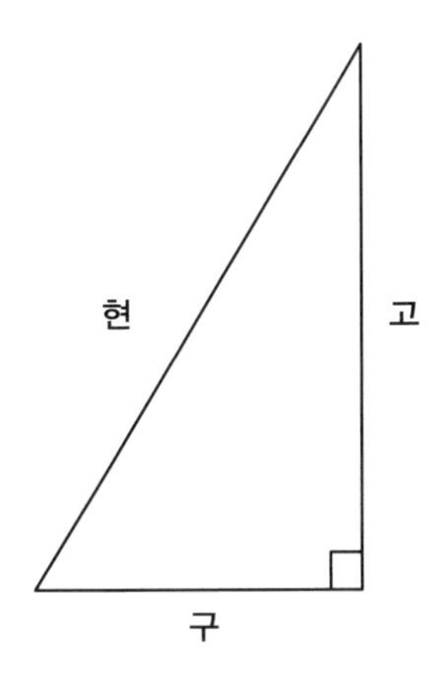

"그렇군요. 그 책에는 어떻게 소개되어 있습니까?"

"그 책에 '구와 고를 각각 제곱하여 이를 더하면 현의 제곱이 되며, 이것의 제곱근을 구하면 곧 현이다.'라고 되어 있소."

"그렇다면 $(현)^2=(구)^2+(고)^2$이라고 정리할 수 있겠군요."

"그렇소. 예를 들어 구가 24자, 고가 45자인 직각삼각형이 있다고 하면 이들을 이용하여 현을 구할 수 있지요. 즉, 구를 제곱하면 $24^2=576$입니다. 그리고 고를 제곱하면 $45^2=2025$이므로 이 두 수를 서로 합하면 $24^2+45^2=576+2025=2601$자이지요. 이것의 제곱근을 구하면 $2601=51^2$자이므로 현은 51자이지요."

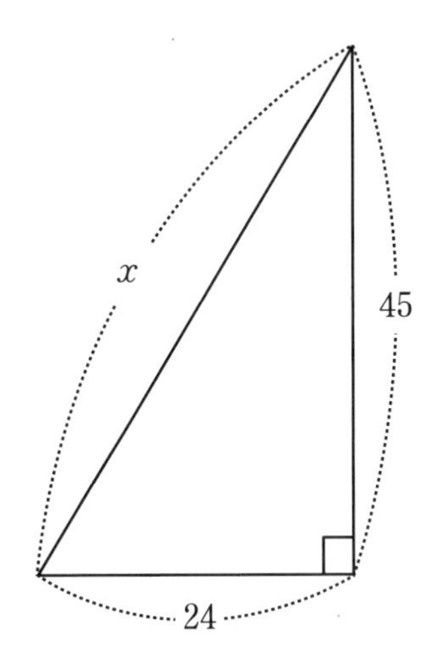

"그렇다면 구와 현을 알고 있을 때, 고의 길이도 구할 수 있겠군요?"

"그렇지요. 예를 들어 볼까요? 구가 24자, 현이 51자라고 합시다. 현을 제곱하여 $51^2=2601$을 얻고, 구의 제곱인

$24^2=576$을 빼면 나머지는 $51^2-24^2=2025$가 되지요. 이것의 제곱근을 구하면 $2025=45^2$이므로 고는 45자가 되지요."

"그렇군요. 장군께서는 구고현의 정리에서 $(고)^2=(현)^2-(구)^2$를 이용하여 고의 길이를 구하셨군요."

"방답첨사는 역시 뛰어난 수학 실력을 가지고 있소이다. 제가 웅천왜성을 공격할 때 필요한 계산과 비슷한 문제를 하나 낼 테니 한번 풀어 보시겠소?"

"좋습니다."

"지금 연못 속에서 연 두 줄기가 자라서 물 위로 6자 올라왔습니다. 그중 한 줄기는 바람에 밀리어 그곳에서 24자 되는 연못가의 수면의 끝이 닿았습니다. 물의 깊이와 연 줄기의 길이는 얼마일까요?"

나의 질문에 방답첨사 이순신은 종이 위에 그림을 그려 가며 문제를 풀기 시작했다.

"A를 연못의 바닥이라 하고 연의 줄기를 각각 $\overline{AD}$, $\overline{AB}$라고 하면

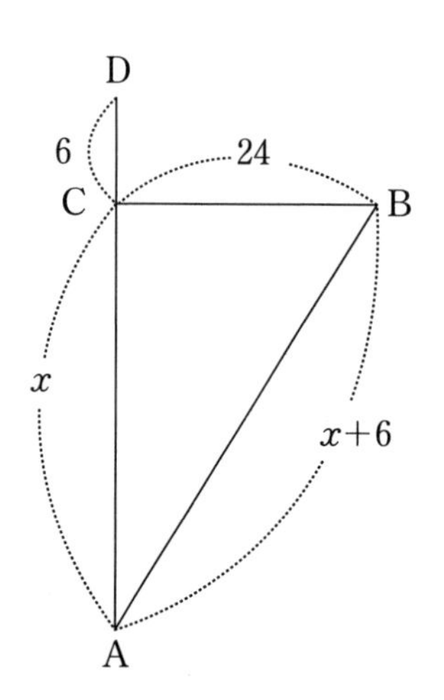

연못의 물 위로 6자가 자랐으므로 $\overline{CD}=6$입니다. 그리고 한 줄기가 24자 떨어진 곳에 있으므로 $\overline{CB}=24$군요. $\overline{AC}=x$라 하면 $\overline{AB}=x+6$입니다. 이제 구고현의 정리를 사용하여 풀면 $x^2+24^2=(x+6)^2$이 성립합니다. 이것을 정리하면 $12x=576-36$이므로 $x=45$입니다. 즉 연못의 깊이는 45자고, 연 줄기의 길이는

여기에 6자를 더하면 되므로 51자입니다."

"하하하. 정확하게 풀었소이다. 그렇다면 이것을 웅천 왜성을 공격하는 데 활용하려면 어떻게 해야 되겠소?"

"우리 배에서 왜성까지의 수평거리는 현재 800자입니다. 제가 보낸 첩자의 정보에 의하면 왜성의 수직 높이는 우리 배에서 왜성 꼭대기까지의 거리보다 400자가 짧다고 합니다. 이것을 그림으로 나타내면 이렇게 됩니다."

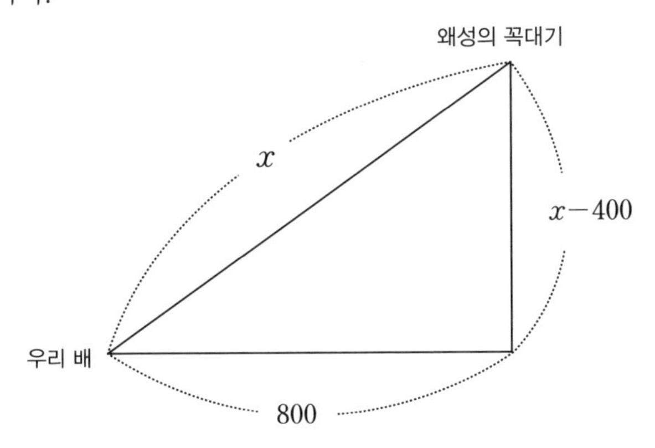

"그렇소. 왜성까지의 거리를 구로 하고 왜성의 높이를 고로 하면 우리 배에서 왜성까지의 거리를 알 수 있지요. 여기에 구고현의 정리를 적용하면 $x^2=800^2+(x-400)^2$이 성립하고, 이것을 정리하면 이렇게 되겠지요."

나는 방답에게 이 식을 전개하여 보여 줬다.

$$x^2=640000+x^2-800x+160000$$

$$800x=800000$$

$$x=1000$$

나는 계산 결과를 방답첨사에게 말했다.

"우리 배에서 왜성까지는 1,000자군요."

"그렇군요. 그럼 총통의 발사 거리를 1,000자가 되도록 하면 되겠군요."

방답첨사 이순신과 작전을 세운 우리 함대는 드디어 웅천 왜성을 공격하기 시작했다. 정확한 거리를 계산하여 총통을 일시에 발사하여 공격했더니 적들은 육지로 도망쳐 산허리에 진을 쳤다. 군관들이 철환과 편전을 비 퍼붓듯 마구 쏘니 죽는 자가 무척 많았다. 이번 전투에서는 포로로 잡혀 있던, 사천에 사는 여인 한 명을 구해 왔다. 전투를 끝낸 우리 함대는 칠천량으로 향했다.

11

계사년 4월

『산학계몽』과 도량형

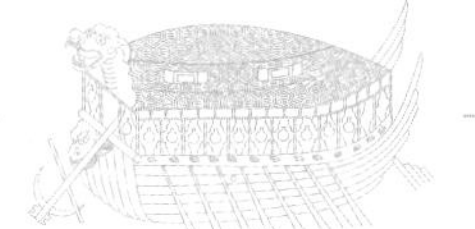

이달 3일에 이억기와 약속하고 전라도로 돌아왔다. 접전할 때 철환을 맞아 다친 사람들을 발포통선의 전사자와 한꺼번에 기록하여 장계했다.

소속된 수군은 단지 5개 고을, 5개 진과 포뿐이었다. 흥양현감 배흥립은 순찰사가 육전으로 데려갔고, 보성군수 김득광은 일찍이 두치(하동읍 두곡리)의 복병장으로 파견됐다가 이번에 수군으로 되돌아왔다. 녹도만호 송여종은 군량을 운반하는 차사원으로 올라가서 돌아오지 않았다. 나머지는 순천·광양·낙안·보성 등 고을의 수령과 방답·사도·여도·발포 등 진의 수장들로서 각각 장수들로 배정하기에도 오히려 부족하다. 그런데 왕명이라며 위 수군의 장수들을 육전으로 이동시킨다거나, 혹은 명령이라며 전령을 보내어 오라 가라 하고 있으니 어느 것이 진짜 임금의 명인지 모르겠다. 하지만 따르지 않을 수 없으니 정리가 되지 않고 어수선하여 공무를 제대로 처리할 수가 없다.

명령이 여러 곳에서 나오므로 명령들이 제대로 시행되지 못하고 있다. 앞으로는 수군에 소속된 수령과 변방 장수들이 다른 곳으로 가지 않고 전적으로 해전에 남도록 조정에 장계를 올렸다.

군관과 병사들의 배치에 이처럼 혼란을 겪고 있는데 백성들까지 조정의 수탈에 지쳐 가고 있었다. 특히 광양현은 그 피해가 더욱 심하여 현감이 불평이 많았다. 그래서 내가 광양현에 직접 가서 자초지종을 듣게 됐다. 광양현에 사는 김두 등 126명을 조사한 결과, 여러 가지 문제점이 드러났다.

광양현은 영남과 접경한 곳으로 사변이 일어난 뒤에 민심이 흉흉하여 모두 흩어져 달아날 생각만 하고 있었다. 그런데 현감 어영담이 이를 진정시켰고 고을 백성들은 예전과 같이 이곳에서 편안히 살게 됐다. 어영담은 경상도와 전라도를 번갈아 맡은 변방의 장수로 물길의 형세도 잘 알고 있다. 계교와 생각도 뛰어났기 때문에 우리 좌수영의 중부장으로 정했고 나는 그와 함께 전투를 포함해 여러 가지를 의논했다. 특히 그는 적을 무찌를 때 여러 번 죽음을 무릅쓰고 앞장서서 우리 함대가 큰 승리를 거둘 수 있게 했다. 호남 한쪽이 이제까지 온전히 있는 것은 이 사람의 힘이라고 할 수 있다.

어영담은 이 고을 장부에 기록된 회계 수량 이외에 쌀, 콩, 벼 등 600여 섬을 평상시에 저장해 두고 군량에 보태거나 백성을 구휼하는 데 사용했다. 그런데 지난 2월에 우리 함대가 출전할 때 사람이나 물자를 징발하기 위하여 중앙에서 파견된 독운어사 임발영이 문제를 일으켰다. 그 고을에 들어가서 각종 곡식을 조사했는데 회계장부보다 곡식의 양이 많다며 모두 가져간 것이다. 심지어 조정에 현감 어령담을 벌해야 한다는 장계를 올렸다. 광양현의 도훈도는 임발영이 대표적인 수학책인 『산학계몽』을 참고하여 회계장부를 조사했다고 한다. 도훈도가 내게 물었다.

"비록 제가 수학을 공부하기 위하여 『산학계몽』을 보기는 했지만 이 책이 어디에서 시작됐는지 잘 알지 못합니다. 장군께서 설명해 주실 수 있으십니까?"

"본래 『산학계몽』은 1299년에 중국 원나라의 주세걸이 발간한 수학책으로 정확한 이름은 『신편산학계몽』이라네. 이 책은 중국 수학의 다양한 면과 내용을 거의 모두 포함하고 있네. 특히 단순한 내용부터 복잡한 내용까지 순차적으로 진행하는 이 책은 '계몽'과 '입문'을 위한 매우 훌륭한 교과서지."

"중국의 수학책이 우리나라에는 언제 알려졌습니까?"

"『산학계몽』은 우리나라에 고려 후기쯤 들어왔을 것으로 보고 있다네. 달력을 만들 때 특히 중요한 참고 서적이 됐네."

"그렇다면 조선은 고려의 것을 그대로 이어받은 것입니까?"

"조선은 세종대왕 20년에 제정한 잡과십학에 관한 교육과정을 따르고 있다네. 그중에서 산학의 내용은 상명산, 양휘산, 계몽산, 오조산, 지산의 5교과로 되어 있네. 여기서 앞의 셋은 각각 『상명산법』, 『영휘산법』, 『산학계몽』이라는 책으로 배운다네. 이 수학책들이 중요시된 것은 나중에 산학의 과거 시험이 이 3권에서 출제됐기 때문이지."

"저도 도훈도의 과거 시험을 볼 때, 장군께서 말씀하신 3권을 공부했습니다."

"그렇지. 자네가 도훈도가 되려면 이 책을 반드시 공부했어야 할 터. 임발령도 이번에 『산학계몽』을 참고했다고 하더군. 내가 갑자기 그 책의 내용이 잘 생각이 나지 않으니 자네가 간단히 설명해 주겠나?"

"예. 그런데 이 책의 내용을 설명하려면 먼저 우리나라의 동전과 도량형의 단위에 대하여 설명해야 합니다."

도훈도는 내게 『산학계몽』에 나오는 동전과 도량형의 단위에 대하여 설명하기 시작했다. 그가 말한 내용을 간추리면 이랬다.

우리나라의 동전은 상평통보라 부르고 무게는 2전 5푼이다. 10리는 1푼이고, 10푼은 1문, 10문은 1전이다. 100문은 1냥이며 1,000문은 1관이고, 10관은 1정이다. 즉, 아래와 같다.

1정=10관=100냥=1,000전=10,000문=100,000푼=1,000,000리

들이는 조 6알인 규에서 시작한다. 10규를 1촬이라 하고, 10촬을 1초라 하고, 10초를 1작이라 하고, 10작은 1홉이라 하고, 10홉을 1되라 하고, 10되를 1말이라 하고, 10말을 1섬이라 한다. 이들 사이의 관계를 다음과 같이 정리할 수 있다.

1섬=10말=100되=1,000홉=10,000작=100,000초=1,000,000촬

=10,000,000규

무게는 기장 1알인 1서에서 시작하여 10서를 1루라 하고, 10루를 1수라 하고, 6수를 1푼이라고 하고, 4푼을 1냥이라고 하고, 16냥을 1근이라고 하고, 15근을 1칭이라고 하고, 30근을 1균이라고 하고, 4균을 1석이라고 한다. 그러므로 1석은 120근이다. 무게 단위 중에서 루와 서를 제외하고 이들 사이의 관계를 다음과 같이 정리할 수 있다.

1석=4균=8칭=120근=1,920냥=7,680푼=46,080수

위의 단위 사이의 관계 중에서 근칭법 '1칭=15근'과 근양법 '1근=16냥', 양수법 '1냥=24수', 근수법 '1근=384수'가 특히 많이 사용된다. 또 여기에 소개되지 않은 '리'도 사용하는데 1리=2근 4냥=36냥이다. 한편 금, 은 등의 무게를 나타낼 때는 단위 냥(兩)과 전(錢)을 기준으로 하여 푼, 리, 호 등을 다음과 같이 사용한다.

1냥=10전=100푼=1,000리=10,000호

길이는 누에가 토해 낸 실인 홀을 기준으로 한다. 10홀을 1사라 하고, 10사는 1호라 하고, 10호를 1리라 하고, 10리를 1푼이라 하고, 10푼을 1치라 하고, 10치를 1자라 하고, 10자를 1장이라 한다. 또 필은 3장 2자 혹은 2장 4자이고, 단은 50자 혹은 4장 8자이다. 시대에 따라 조

금씩 변한 단과 필을 제외한 나머지 단위는 십진법을 기준으로 하며, 이들 사이의 관계를 다음과 같이 정리할 수 있다.

1장=10자=100치=1,000푼=10,000리=100,000호=1,000,000사

넓이는 홀에서 시작한다. 홀은 너비가 1치이고 길이가 6치다. 10홀을 1사라 하고, 10사를 1호라 하고, 10호를 1리라 하고, 10리를 1푼이라 하고, 10푼을 1무라 하고, 100무를 1경이라 한다. 넓이의 단위 사이의 관계를 다음과 같이 정리할 수 있다.

1경=100무=1,000푼=10,000리=100,000호=1,000,000=10,000,000홀

또 길이의 단위와 넓이의 단위 사이의 관계는 다음과 같다.

1홀 =6치×1치=6(제곱)치

1무 =100,000홀=6×100,000(제곱)치=600,000(제곱)치

1무 =600,000(제곱)치=6,000(제곱)자

10치=1자

100(제곱)치=1(제곱)자

여기에서 알 수 있듯이 예로부터 산학에서는 길이의 단위 '치', '자'

등이 그대로 넓이와 부피의 단위로 이용되고 있다.

도훈도의 설명이 끝나자 나는 도훈도에게 다시 물었다.

"도량형과 『산학계몽』에 관하여 알았으니 이제 독운어사 임발영이 참고한 문제 몇 개를 말하여 보겠나?"

"예, 알겠습니다. 몇 가지 문제와 풀이에 대하여 설명드리겠습니다."

문제 1 지금 실이 144냥이 있는데, 한 냥의 값은 돈으로 300문이다. 돈으로 계산하면 얼마인가?

풀이 144냥×300문/냥=43,200문이므로 43관 200문이다.

문제 2 지금 참깨가 6섬 8말 4되가 있는데, 한 말로 기름 3근 12냥을 짠다. 기름을 짜면 얼마인가?

풀이 6섬 8말 4되=68.4말이고 12냥=0.75근이므로 6섬 8말 4되×3근 12냥/말=68.4말×3.75근/말=256.5근이다.

문제 3 지금 어떤 사람이 돈 85관 700문을 빌렸다. 한 관에 월 이자가 30문이고 지금 8개월이 됐다. 이자는 얼마인가?

풀이 1관의 8개월 이자가 $8\times30=240$문이므로, 85관 700문=85.7관의 8개월 이자를 x문이라고 하면 비례식 $1:240=85.7:x$가 성립한다. 따라서 $x=85.7\times240=20{,}568$(문)=20관 568문이다.

문제 4 지금 관영 창고에서 모두 1,811섬 3말 1되 4작의 양곡을 거두어들였다. 한 말마다 모미(耗米)가 7홉 5작 6초 포함되어 있다. 정식 양곡은 얼마인가?

풀이 모미는 세곡(稅穀) 또는 환곡(還穀)을 받을 때 곡식을 쌓아 둘 동안 축이 나는 것을 미리 짐작하여 한 섬에 얼마씩 덧붙여 받던 곡식이다. 정식 양곡 1말에 대해 모미를 포함하여 거두어 들이는 양이 1.0756말이므로 18113.104말의 양곡 중에서 원래의 정식 양곡을 x말이라 하면 $1.0756:1=18113.104:x$가 성립한다. 따라서 구하는 값은 다음과 같다.

$x=18113.104\div1.0756=16{,}840$말$=1{,}684$섬

사실 나는 『산학계몽』을 모두 공부했기 때문에 이 내용들은 잘 알고 있었다. 다만 광양현 도훈도의 실력을 떠보기 위함이었는데, 그도 『산학계몽』의 내용을 잘 알고 있었다.

도훈도와 이야기를 나누어 보니 그는 광양현감이 바뀔까 봐 걱정을 하고 있었다. 임발영의 장계대로 광양현감을 바꾼다고 하는 바, 창고의 곡식이 더하고 덜한 것은 내가 잘 알 수 없는 일이었다. 게다가 광양현감 어영담은 지난 2월 6일 우리가 출전할 때 같이 나가 거제와 웅천 등지에서 진을 치고 있었다. 그러니 임발영이 그 고을에 들어가서 각종 곡식을 조사할 때의 여러 안건들은 그 고을 유위장이 전담하여 제출한 것이다. 비록 그 수량에 약간의 차이가 있었더라도 이같이 몹시 어려운 때에 의기 있는 장수 한 사람을 잃는 것은 적을 방어함에 크

게 해롭다. 그뿐 아니라 해전에 모든 사람이 능한 것이 아니므로 갑자기 장수를 바꾼다는 것 또한 좋은 계책이 아니다. 더구나 민심도 이러한 바, 사변이 평정될 때까지는 아직 그대로 두기를 간청하는 장계를 올렸다. 그러면 한편으로는 바다로 침범하는 적을 막고, 다른 한편으로는 어린 백성들의 소원을 들어줄 수 있을 것이다.

12

계사년 5월

토너먼트 방식의 활쏘기 시합

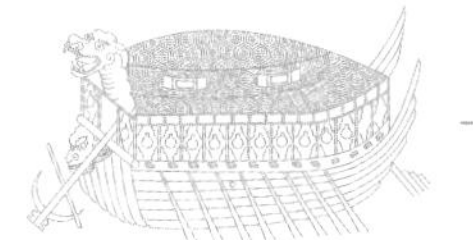

지난달 4월부터 북상했던 왜군들이 남해로 퇴각해 내려왔다. 행주대첩 이후 16만 명에 이르는 왜군이 남해안 일대에 집결한 것이다. 내가 왜군 진영에 숨겨 놓은 첩자의 말에 의하면, 히데요시가 퇴각해 온 왜군의 일부 병력은 진주에서 하동을 거쳐 전라도를 침공하고, 다른 병력은 견내량을 지나 여수를 거쳐 전라도를 침공하라는 명령을 내렸다고 한다.

내가 얻은 정보에 따르면 히데요시는 전라도 침공을 위해 이미 임진년 가을과 겨울에 몇 차례 걸쳐 작전을 지시했고, 올해 봄이 되자 구체적인 작전 명령을 내렸다고 한다. 히데요시의 명령에 따라 남해안으로 왜의 수군과 육군 16만 명이 구름처럼 몰려들고 있었다. 그런데 우리 쪽 상황이 좋지 않았다. 명나라 이여송의 35,000군 외에는 대부분 사령관과 선발대만 도착해 있었고 그나마도 각지에 분산 배치되어 있었다. 집중된 왜군의 전력 앞에서 우리는 속수무책이었다. 육지의 싸움은 내가 어찌할 수 없으므로 나는 왜의 수군만이라도 견내량에서 막아내야 했다.

특히 2일 선전관 이춘영이 "적의 퇴로를 차단하고 적을 섬멸하라."는 임금의 분부를 가지고 왔다. 이날 보성군수 김득광과 발포만호 황정록 두 장수가 왔다. 나머지 장수들은 약속한 날을 미뤘기 때문에 모이지 않았다. 그러나 다음 날인 3일, 전라우수사 이억기가 수군을 거느리고 왔는데 수군들의 사기와 전투력이 많이 떨어져 있었다. 나는 이억기와 함께 작전을 논의했다. 이억기도 왜적을 견내량에서 막아야 한다는 나의 작전에 동의했다. 그래서 7일에 이억기와 함께 아침을 먹고 배를 타고 미조항으로 향했다. 샛바람이 세게 불어 파도가 산 같아서 간신히 뭍에 이르러 배를 대었다. 8일 새벽에 출항하여 사량 바다 가운데에 이르니 만호 이여념이 나왔다. 그에게 경상우수사 원균이 있는 곳을 물었더니, 원균이 지금 창신도에 있는데 군사들이 모이지 않아 미처 배를 타지 못했다고 한다. 곧바로 당포에 이르니 기지대장 이영남이 와서 원균의 망령된 짓이 많음을 자세히 말했다. 9일 아침에 출항하여 걸망포에 이르렀는데 바람이 불순했다. 이억기, 가리포첨사 구사직과 한자리에 앉아 작전을 토의했는데, 저녁이 돼서야 원균이 두 척의 배를 거느리고 왔다. 원균에게 이억기와 논의한 작전을 설명하고 함께 견내량을 지키자고 당부했다. 그러자 원균이 물었다.

"굳이 견내량을 지켜야 하는 이유가 있습니까?"

“내가 입수한 정보에 따르면 적들은 견내량을 통과하여 한산도를 거쳐 여수를 지나 전라도로 침공하려고 하기 때문이오. 견내량은 호랑이의 입과 같이 생긴 지역이므로 적은 수로 많은 적을 능히 막아 낼 수 있소.”

지도를 그려 가며 원균에게 설명하자 그제야 그는 우리의 작전을 이해했다. 견내량을 굳건히 지키기 위해서 가장 필요한 것은 적의 움직임에 대한 정보였다. 그래서 나는 가장 먼저 남해 바다 여기저기로 배를 파견했다. 이들이 보고하기를 “가덕도 앞바다에 적선이 무려 200여 척이나 머물면서 드나들고, 웅천은 어제와 같다.”고 했다.

나는 적의 움직임이 아직 심각하지 않다고 생각하여 병사들의 활쏘기 훈련을 실시했다. 병사들뿐만 아니라 각 군영의 장수들에게도 활쏘기 연습을 시키기 위하여 작은 봉우리에 과녁을 매달아 놓고 편을 갈라 겨루게 했다. 이때 낙안군수 신호가 물었다.

“장수가 많은데 어떻게 하면 최종 우승자를 잘 가릴 수 있는지요?”

“토너먼트(tournament) 방식으로 겨루면 될 것 같소.”

사실 토너먼트 방식은 서양에서 들어온 경기 방식이었다. 이 방법은 중세에 서양에서 기사들이 벌이던 마상 경기에서 유래했다. 참가자 전원이 돌아가면서 경기를 하는 제도인 리그(league)와 달리 일대일로 겨루면서 진 상대를 탈락시키는 제도를 토너먼트라고 한다. 나는 여러 장수에게 토너먼트 방식을 설명해 줬다.

"먼저 2명의 장수가 활쏘기 시합에 출전했다면 1번의 결투로 승자가 결정되겠지요. 만일 3명의 장수가 시합에 출전했다면 우선 2명이 결투를 하고, 승리한 장수가 남아 있는 장수와 결투를 해서 최종 승자를 가릴 수 있소. 따라서 모두 2번의 결투를 해야 승자를 정할 수 있지요. 4명의 장수가 시합에 출전했다면 2명씩 결투를 하여 승자를 정한 후, 2명의 승자가 마지막에 결투를 하여 최종 승자를 정하게 되지요."

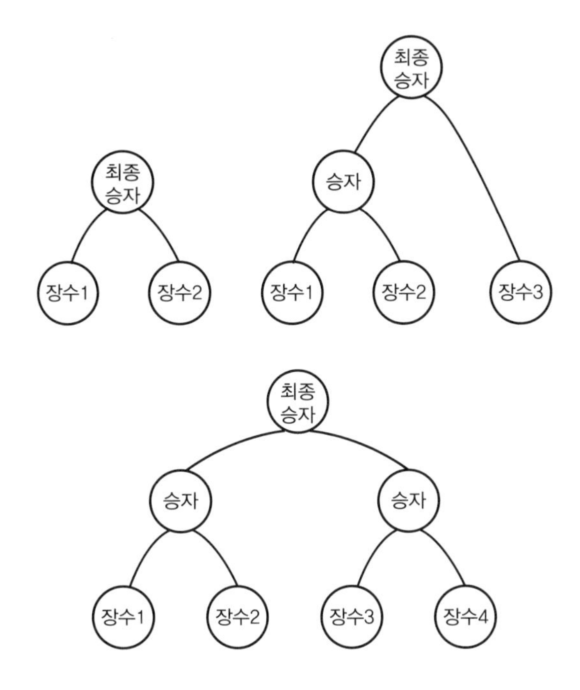

나는 그림을 그려 가며 토너먼트 방식을 설명했다.

"토너먼트에서 위와 같이 장수나 승자를 모두 글로 나타내려면 번거롭기 때문에 기호를 쓰겠소. 시합에 출전할 때 처음 출전한 장수는

'○'로, 시합에서 이긴 장수는 '●'로, 최종 승자는 '★'로 나타내 봅시다. 그러면 위에서 그렸던 토너먼트를 아래와 같이 간단히 그릴 수 있지요. 이를 테면 가장 오른쪽 그림은 5명의 장수가 활쏘기 시합에 참가했을 경우를 그린 것이오."

그러자 이억기가 말했다.

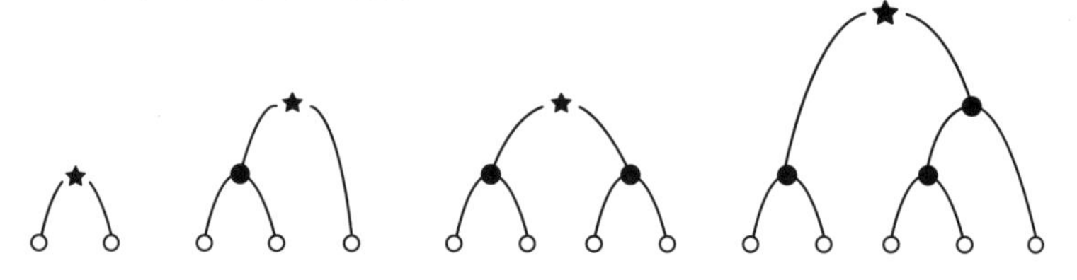

"그런데 4명 또는 5명이 참가할 경우는 장군이 그린 것과 다른 방법으로도 그릴 수 있습니다."

그러면서 이억기는 내가 그렸던 그림과 다른 대진표를 그렸다.

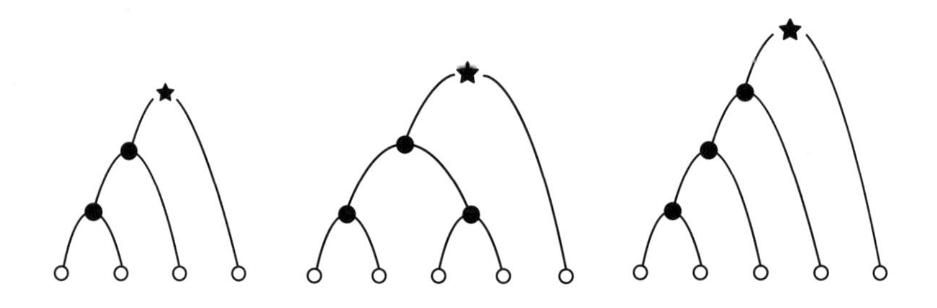

"물론이오. 그러나 이 그림들은 모두 공통점이 있소. 위의 그림으로부터 토너먼트의 방법에 관계없이 4명이 참가했을 때는 반드시 3번, 5명이 참가했을 경우는 반드시 4번의 결투 후에야 최종 승자가 정해진다는 것을 알 수 있소."

그러자 신호가 말했다.

"그럼 만약 10명의 기사가 토너먼트에 참가했다면 모두 9번의 결투 후에야 최종 승자가 정해진다는 말씀이군요."

"그렇소. 일반적으로 n명의 기사가 토너먼트에 참가했다면 $(n-1)$번의 결투가 있어야 최종 승자가 정해지지요."

그때 보성군수 김득광이 무릎을 치며 말했다.

"아하. 지난번에 우리 관아의 도훈도가 제게 수형도에 대하여 알려 줬는데, 이것이 바로 수형도군요."

"수형도? 수형도가 뭐요?"

김득광의 말에 원균은 고개를 갸웃거리며 물었다. 그러자 이억기가 원균에게 수형도에 대하여 설명하기 시작했다.

"사실 앞의 그림들은 그래프이론의 수형도(樹型圖)인데, 모양이 나무와 같다고 해서 붙여진 이름입니다. 수형도에서 ★과 같이 특별히 표시 나게 정한 한 꼭짓점을 뿌리라 하며, 뿌리가 있는 수형도를 유근수형도라고 합니다. 일반적으로 유근수형도에서는 꼭짓점 사이에 상하 관계가 존재하지요."

이억기는 젊지만 본래 학문이 뛰어나고 전략과 전술에도 능했다. 우리에게 이와 같은 장수가 있음은 참으로 다행한 일이었다. 반면 원균은 그렇지 못했기 때문에 늘 이억기의 설명을 좇아가는 편이었다. 이억기는 설명을 이어갔다.

"수형도에 대하여 조금 더 설명해 드리지요. 수형도의 두 꼭짓점 사이에 존재하는 경로의 길이를 그 두 점 사이의 거리라고 합니다. 유근수형도의 어떤 꼭짓점 x에서 아래로 거리가 i인 점을 x의 i세손이라고 합니다. 1세손은 자녀라고도 합니다. 유근수형도에서 단말점(○로 표시된 점)도 아니고 뿌리(★로 표시된 점)도 아닌 점을 중간점(●로 표시된 점)이라고 합니다. 뿌리에서 단말점까지 거리의 최댓값을 그 유근수형도의 높이라고 합니다. 또 단말점이 아닌 각 점이 m개인 자녀를 가지는 수형도를 m진 수형도라고 합니다. 따라서 우리가 그린 유근수형도는 각 점이 2개의 자녀를 가지므로 이진수형도입니다."

그러나 원균은 이억기의 설명을 이해하지 못한 것 같았다. 그래서 나는 예를 들어서 수형도에 대하여 더 설명하기 시작했다.

"예를 들어서 아래 [그림 1]과 [그림 2]는 꼭짓점 7개 중에서 단말점이 4개인 이진수형도고 [그림 3], [그림 4], [그림 5]는 꼭짓점 9개 중에서 단말점이 5개인 이진수형도지요. 이 중에서 어떤 수형도로 시합을 열어야 더 공정할 것 같소?"

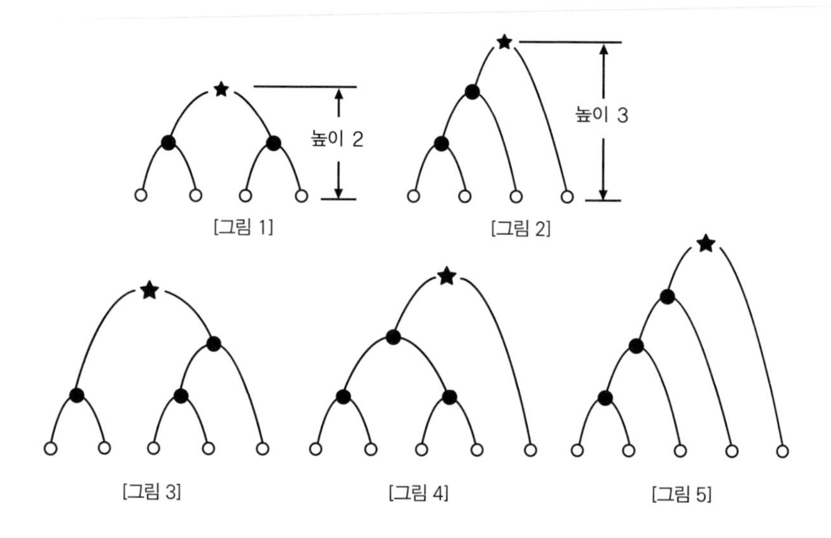

[그림 1] [그림 2]

[그림 3] [그림 4] [그림 5]

나의 질문에 원균은 곰곰이 생각하더니 답했다.

"높이 2인 경우와 높이 3인 경우에 토너먼트에 참가한 장수들이 더 공정하다고 생각하는 시합 방법은 높이 2인 경우일 것 같군요."

"그렇소. 이진수형도의 높이가 낮을수록 토너먼트에 참가한 장수들의 시합이 공정하게 이루어지지요. 따라서 이진수형도의 높이를 최소화하는 토너먼트 방식을 만들어야 하오."

"그렇군요. 이제야 좀 알겠습니다. 그럼 예를 들어 4명의 장수가 참가하는 활쏘기 시합일 경우에 높이를 정하는 가장 좋은 방법이 있는지요?"

"있소이다. 일반적으로 단말점의 수가 n, 높이가 h인 이진수형도에 대하여 $n \leq 2^h$가 성립하지요. 예를 들어 4명의 장수가 토너먼트에 참가했다면 $n=4$이고, $4 \leq 2^h$이어야 하므로 $h=2$입니다. 즉, 높이가 2인 이진수형도가 가장 적절하다는 뜻이지요."

"아하. 그래서 [그림 1]의 대진표가 [그림 2]의 대진표보다 더 공정하다는 것이군요."

"그렇지요. 만일 5명의 장수가 토너먼트에 참가했다면 $n=5$이고, $5 \leq 2^h$이어야 하므로 $h=3$이지요. 즉, 높이가 3인 이진수형도가 가장 적절하지요. 그리고 [그림 3], [그림 4], [그림 5]의 높이는 각각 3, 3, 4이므로 5명의 장수가 참가한 경우는 [그림 3]이나 [그림 4]를 이용하는 것이 좋소. 그런데 [그림 3]이 [그림 4]보다 참가자가 오랫동안 기다리지 않아도 되므로 비교적 합리적이지요. 그래서 5명의 장수가 참가하는 경우는 [그림 3]의 대진표를 이용하는 것이 가장 좋소."

여기까지 설명하자 듣고 있던 이억기가 원균에게 물었다.

"지금 여기에 있는 10명의 장수가 활쏘기 시합을 토너먼트 방식으로 하려면 높이가 얼마인 이진수형도로 대진표를 만드는 것이 좋을지 아시겠습니까?"

이억기의 물음에 원균은 자신 있게 대답했다.

"음. 아까 5명의 장수가 참여하는 대진표의 경우에 이진수형도의 높이가 3이었으므로 그 2배인 6이겠지요."

"하하하. 원 수사께서 그리 말씀하실 줄 알았습니다. 그럼 계산을 해 볼까요? $n=10$이고, $10 \leq 2^h$이어야 합니다. $2^3=8$이고 $2^4=16$이므로 $h=4$입니다. 장수가 5명일 때 이진수형도의 높이가 3이었는데, 그 2배인 10명이 참가하는 시합의 이진수형도의 높이가 4밖에 안 됩니다."

"신기하군요. 그럼 그때 대진표는 어떻게 그립니까?"

"[그림 6]처럼 높이가 3인 이진수형도의 대진표를 이용하면 됩니다."

이억기는 장수 10명이 활쏘기 시합을 할 수 있는 [그림 6]을 그려서 원균에게 보여 줬다.

활쏘기에 참여한 여러 장수들은 시합에 열심히 임했다. 비록 전쟁 중이지만 오랜만에 즐겁게 시간을 보냈다. 날이 저물 때쯤 시합이 끝났기 때문에 배로 내려왔다. 달빛이 배에 가득 차고 온갖 근심이 가슴을 치밀었다. 홀로 앉아 이런 생각 저런 생각을 하다가 닭이 울 때에야 풋잠이 들었다.

우리가 견내량을 지키고 있는 동안 적을 탐색한 척후병들의 보고에

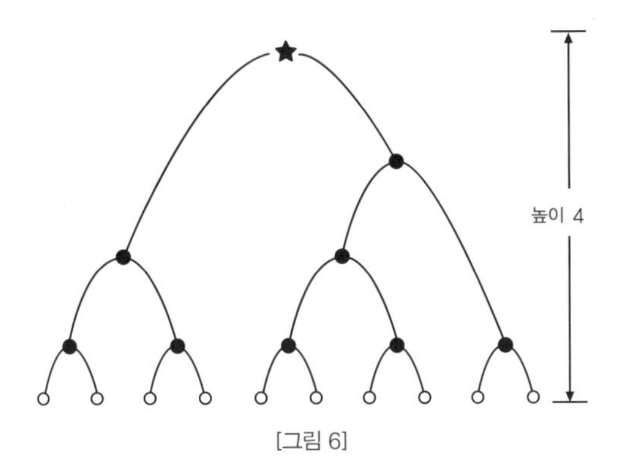

[그림 6]

의하면 왜적들이 나타나기는 했지만 그리 음흉한 꾀는 없다고 한다. 어쨌든 왜적은 내가 지키고 있는 견내량을 절대로 살아서 지나지 못할 것이다.

13

계사년 윤 11월

가래와 두레의 원리인 벡터의 정의와 기본 성질

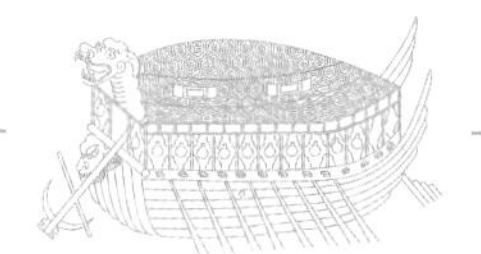

우리 수군과 왜적은 견내량을 경계로 대치하고 있었다. 왜군들은 해안에 왜성을 쌓고 우리 함대의 부산포 진출을 차단하기 위하여 중간 정박지를 모두 없앴다. 대치하고 있는 왜군은 돌아갈 기미가 없었다. 군량미가 부족해서 제대로 먹지 못한 군사들은 극도로 파리해져서 겨우 사람의 형상을 하고 있었다. 이런 상황에서 10월 9일 삼도수군통제사로 벼슬을 내린다는 교지와 함께 장졸들을 교대로 휴가 보내라는 명령서가 내려왔다.

우리 함대가 견내량을 굳게 막고 있기 때문에 호남 방면이 보존됐지만 모든 물자가 고갈되어 조달할 길이 없었다. 전라도의 순천 · 흥양 같은 곳은 넓고 비어 있는 목장과 농사를 지을 만한 섬들이 많다. 여기에서 관청이나 민간의 소작농, 수군이 농사를 지으면 좋을 듯했다. 수군의 경우 농사를 짓다가 사변이 생길 때는 나가 싸우면 된다. 그러면 전력에도 손실이 없고 군량도 보충할 수 있을 것이다. 나는 내년 봄부터 이곳에서 농사를 짓기로 하고 여러 가지 농기구를 준비하기 시작했다. 나는 홍양현감 배흥립을 좌수영으로 오게 했다.

"현감. 내년 봄이 되면 우리 병사들로 하여금 농사를 짓도록 하여 직접 군량을 마련해야 하겠소. 그런데 만일의 사변에 대비하려면 바다와 가까운 지역이여야 하므로 홍양이 가장 좋다고 생각하오."

"알겠습니다. 제가 병사들과 농사를 짓겠습니다. 그런데 변변한 농기구가 없습니다."

"그래서 내가 여러 가지 농기구를 만들라고 대장간에 명령해 두었소. 특히 여러 사람이 힘을 합쳐서 사용할 수 있는 가래와 두레를 많이 만들도록 했소."

"가래와 두레요? 제가 지금까지 가래와 두레를 본 적이 없습니다. 그것들이 무엇인지요?"

"왜, 우리 속담에 쉽게 마무리할 수 있었던 일을 나중에 어렵게 처리한다는 뜻의 '호미로 막을 일을 가래로 막는다'라는 말이 있지 않소? 그 가래를 말하는 것이오."

"죄송합니다. 저는 농사를 지어 본 적이 없기 때문에 그 말은 들어보질 못했습니다."

그래서 나는 배흥립에게 먼저 가래의 생김새에 대하여 설명했다.

"가래는 삽처럼 생긴 가랫날의 양 귀퉁이에 끈이 묶여 있소. 두 사람이 양쪽에서 끈을 잡아당기고, 또 다른 한 사람은 가래 손잡이를 붙들

19세기 말 화가인 김준근이 그린 그림들로, 우리 조상이 농사짓는 모습을 확인할 수 있다. 왼쪽 그림은 세 명의 남자가 가래를 가지고 땅을 일구는 모습으로, 덴마크 국립박물관에 소장되어 있다. 오른쪽 그림은 두 명의 남자가 두레를 가지고 물을 푸는 모습으로 프랑스 기메박물관에 소장되어 있다.

고 힘과 방향을 조절하는 농기구라오. 가래를 사용하면 땅을 깊게 파거나 흙을 멀리 던지는 힘든 일도 쉽게 할 수 있소. 쇠가 귀하던 옛날에는 가래를 나무판으로 만들고 테두리에만 쇠를 끼워서 사용했소. 가래의 쇠 날이 무뎌지면 대장간에서 갈아 끼웠지요. 하지만 근래의 가래는 삽처럼 손잡이를 제외하고는 모두 쇠지요."

나의 설명을 듣던 배홍립은 그제야 가래가 생각난 듯했다. 그래서 이번에는 두레에 대하여 알려 줬다.

"가래를 사용하면 적은 힘을 하나로 합쳐서 큰 힘을 만들 수 있는데, 이와 비슷한 원리의 기구로 두레가 있소이다. 두레는 낮은 곳에서 높은 곳으로 물을 퍼 올리는 농기구지요. 가래와 마찬가지로 두레도 바가지에 끈이 묶여 있는데 두 사람이 양쪽에서 잡아당겨서 물을 퍼 올리지요."

"양쪽에서 잡아당기면 부서지지 않나요?"

"가래와 두레는 양쪽에서 힘을 가하지만 힘의 방향과 이것들이 실제로 움직이는 방향은 일치하지 않아요. 이런 상황은 벡터를 사용하여 수학적으로 정확히 표현할 수 있소."

"벡터요? 벡터가 무엇입니까?"

나는 배흥립에게 벡터에 대하여 설명했다.

"선분의 길이, 도형의 넓이나 부피, 온도 등과 같은 양은 하나의 실수로 나타낼 수 있지요. 그러나 속도, 가속도, 힘 등의 양은 크기는 물론 방향도 가지고 있지요. 일반적으로 크기만을 갖는 양을 스칼라라고 하고, 크기와 방향을 동시에 갖는 양을 벡터라고 하오."

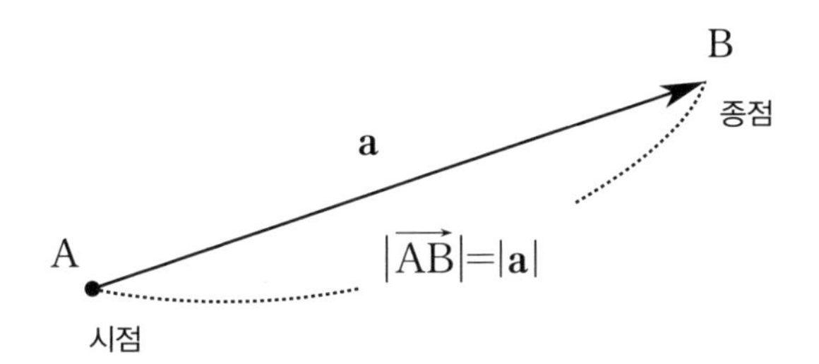

크기만 갖는 스칼라는 하나의 실수로 나타낼 수 있지만 벡터는 크기와 방향을 동시에 나타내야 하므로 하나의 실수로 나타낼 수 없다. 따라서 벡터는 그림과 같이 크기를 나타내는 선분 AB에 방향을 나타내는 화살표를 붙여 표현한다. 이때 이 벡터를 기호로 $\overrightarrow{AB}$ 또는 **a**로 나타내고, 점 A를 벡터 $\overrightarrow{AB}$의 시점, 점 B를 벡터 $\overrightarrow{AB}$의 종점이라고 한

다. 또 선분 $\overline{AB}$의 길이를 벡터 $\overrightarrow{AB}$의 크기라 하고, 기호로 $|\overrightarrow{AB}|$ 또는 $|\mathbf{a}|$로 나타낸다. 그리고 벡터는 크기와 방향에 의해서만 정의되므로 아래 그림과 같이 크기와 방향이 각각 같은 벡터는 시점에 관계없이 모두 동일시한다. 즉, 한 벡터를 평행이동 하여 얻은 벡터는 모두 같은 것으로 여긴다.

벡터 $\mathbf{a}$와 크기는 같지만 방향이 반대인 벡터를 벡터 $\mathbf{a}$의 역벡터라고 하고 기호 $-\mathbf{a}$로 나타낸다.

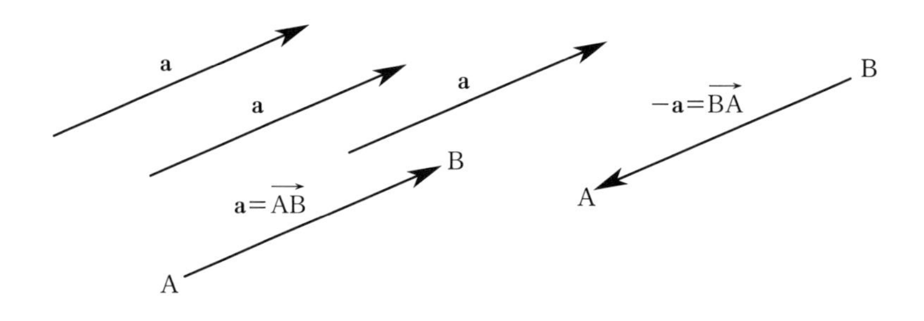

시점이 A이고 종점이 B인 벡터 $\overrightarrow{AB}$의 역벡터는 $\overrightarrow{AB}$와 크기는 같으며 방향은 반대다. 따라서 $\overrightarrow{AB}$의 역벡터는 시점이 B이고 종점이 A인 벡터 $\overrightarrow{BA}$다. 즉, $\overrightarrow{BA}=-\overrightarrow{AB}$이고 $|\overrightarrow{BA}|=|\overrightarrow{AB}|$이다.

한편 벡터 중에서 특정한 크기를 갖는 벡터가 있는데, 크기가 1인 단위벡터와 크기가 0인 영벡터다. 단위벡터는 보통 기호 $\mathbf{u}$로 나타내고, 영벡터는 기호 $\vec{0}$와 같이 나타낸다. 크기가 0인 영벡터도 방향을 가지고 있어야 하므로 영벡터의 방향은 임의로 생각한다. 즉, 어떤 방향도 다 될 수 있는 것으로 생각한다.

벡터는 평면에서뿐만 아니라 공간에서도 생각할 수 있다. 평면에서

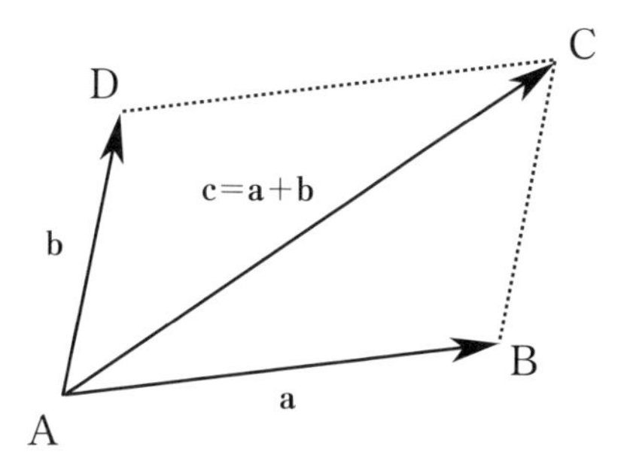

의 벡터를 평면벡터, 공간에서의 벡터를 공간벡터라고 한다. 평면이나 공간에 있는 두 벡터는 서로 합할 수 있는데 두 벡터 **a**, **b**에 대하여 **a**를 $\overrightarrow{AB}$, **b**를 점 $\overrightarrow{AD}$로 나타낸다. 그리고 위 그림과 같이 평행사변형 ABCD를 그려 보면 $\overrightarrow{AC}=\overrightarrow{AB}+\overrightarrow{BC}=\mathbf{a}+\mathbf{b}$다. 벡터 $\overrightarrow{AC}$는 두 벡터의 합 $\mathbf{c}=\mathbf{a}+\mathbf{b}$로 나타낸다.

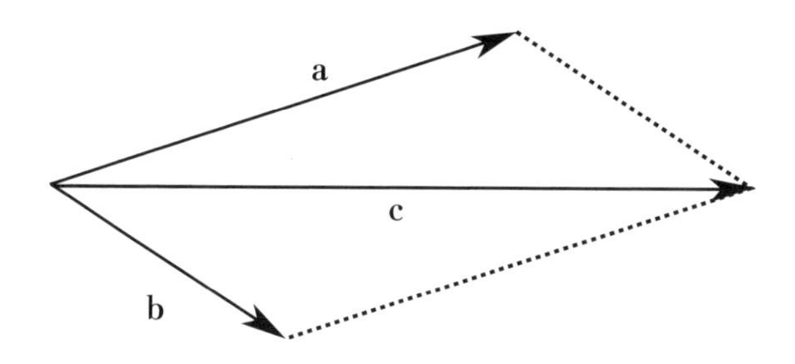

벡터의 덧셈은 앞의 그림과 같이 벡터를 화살표로 표시하면 간단히 나타낼 수 있지만 벡터의 덧셈 법칙은 스칼라 양에 대한 법칙과는 같지 않다. 예를 들면 위 그림에서 벡터 **a**의 크기가 3이고 벡터 **b**의 크기가 2라면, 그림에서와 같이 두 벡터를 더한 결과인 벡터 $\mathbf{c}=\mathbf{a}+\mathbf{b}$의 크기는 5가 아니고 5보다 작다. 즉, $\mathbf{a}+\mathbf{b}=\mathbf{c}$일 때, $|\mathbf{c}|\leq|\mathbf{a}|+|\mathbf{b}|$가 성립

한다. 그리고 이 크기는 벡터 **a**의 방향과 벡터 **b**의 방향이 상대적으로 어떤 관계에 있느냐에 따라 달라진다.

벡터와 벡터의 덧셈을 배흥립에게 설명하자 그는 모두 이해했다는 듯이 고개를 끄덕였다. 그리고 내게 물었다.

"그렇다면 가래의 경우도 벡터를 이용하여 표시할 수 있겠군요."

"그렇소. 가래는 두 사람이 양쪽에서 잡아당기고 또 다른 한 사람은 가래손잡이를 붙들고 힘과 방향을 조절하므로 3개의 벡터로 나타내야 합니다. 이때 양쪽에서 잡아당기는 벡터 **a**, **b**와 손잡이에서의 벡터 **c**의 크기가 모두 같다고 가정하고, 3개의 벡터의 합을 구하면 가래의 힘이 나오지요. 먼저 양쪽의 벡터 **a**, **b**를 합하면 벡터 **d**가 나오고, 이 벡터 **d**를 손잡이의 벡터 **c**와 합하면 총합의 힘 벡터 **f**가 나오지요."

"그렇다면 세 사람이 함께 힘을 합치므로 농사지을 때 많은 도움이 되겠군요."

"그래서 내가 특히 가래와 두레를 많이 준비하려는 것이오. 가래는 땅을 파고 고랑을 일구어 씨앗을 뿌리기에 적합하고, 두레는 그렇게 일군 밭이나 논에 물을 댈 때 유용하지요. 농사짓는 데 이만한 도구가 또

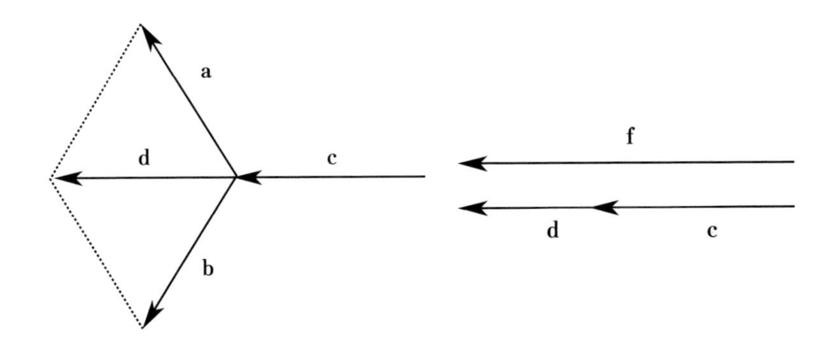

있겠소!"

"잘 알겠습니다. 봄이 오는 즉시 병사들과 함께 농사를 시작하겠습니다. 가래와 두레를 이용하면 군량을 충분히 마련할 수 있을 것 같습니다."

사실 배흥립에게 벡터에 대하여 더 많이 설명해 주고 싶었지만 농사짓는 데 필요한 정도만 알고 있으면 될 것 같아 그만 멈추었다. 그리고 벡터에 대하여 지금까지 설명한 것 이외에 더 자세한 것은 나중에 다시 이야기해 주어야겠다고 생각했다.

배흥립이 돌아가고 농사지을 만한 다른 곳을 물색해 보았다. 그 가운데 돌산도에 있는 둔전(군대의 군량을 마련하기 위하여 설치한 토지)은 벌써 묵은 지 오래된 곳이며, 개간하여 군량에 보충하면 될 듯했다. 이에 대하여 조정에 장계를 올렸다. 원래는 각처에서 교대로 수비하는 군사들 중에서 적당히 농군을 뽑아 농사짓게 하려고 했다. 그러나 요즘은 곳곳에서 변방을 지키고 있으므로 뽑아낼 사람이 없어 끝내 짓지 못하고 그대로 묵어 있는 형편이었다. 그런데 올해는 늙어 남아 있는 군사들을 동원하여 본영의 둔전 20섬지기를 농사짓게 하였더니 중품 벼를 500섬이나 거뒀다. 이를 씨앗으로 쓰려고 본영 성 안 순천 창고에 들여놓았다. 내년 봄에 이 씨앗을 이용하여 흥양에서 크게 둔전을 열면 될 듯했다.

14

갑오년(1594년) 3월 제2차 당항포해전

우리나라 해안선의 프랙털

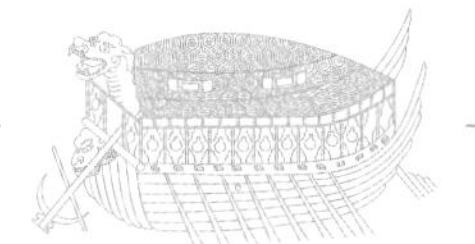

이달 3일, 활터 정자에 앉아 있는데 경상우후 이의득이 왔다. 그가 말하기를 왜군을 많이 잡아오지 못했다는 이유로 경상우수사 원균에게 매를 맞고 또 발바닥까지 맞을 뻔했다고 한다. 참으로 놀라운 일이다. 순천부사, 좌조방장, 우조방장, 방답첨사, 가리포첨사 등과 함께 활을 쏘고 있는데 척후장 제한국이 급히 와서 보고했다.

"오늘 날이 밝자 왜의 큰 배 10척, 중간 배 14척, 작은 배 7척이 영등포에서 나오기 시작했습니다. 그중 21척은 고성 땅 당항포로 가고 7척은 오리량으로 가고, 나머지 3척은 저도를 향해 갔습니다."

그래서 나는 즉시 경상우수사 원균, 전라우수사 이억기 등에게 전령하여 출항할 날짜와 시간을 정하는 한편 순변사 이빈에게도 보병과 기병들을 거느리고 육지로 올라가는 적들을 모조리 무찔러 달라고 공문을 보냈다. 3일 저녁 8시경에 삼도의 여러 장수들을 한 사람도 빠짐없이 모두 거느리고 한산도 앞바다에서 배를 띄웠다. 어둠을 타고 몰래 배를 몰아 밤 2시경에 거재도 안쪽에 있는 지도 앞바다에 도착했다. 4일 새벽에 전선 20여 척이 견내량을 지키게 했는데, 이는 우리 함대가 당항포 등지에서 작전 중일 때 한산도가 습격을 받으면 안 되기 때문이었다.

삼도의 가볍고 빠른 배를 가려내고 전라좌도, 전라우도, 경상우도에서 각각 장수를 선발했다. 당항포와 오리량 등지의 적선이 머물고 있는 곳으로 수군 조방장 어영담을 앞장 세워 급히 보내기로 했다. 그리고 나는 이억기, 원균과 함께 대군을 거느리고 영등포와 장문포의 적진 앞바다의 시루섬 해상에서 학익진을 형성하여 바다를 가로 끊어서 앞으로는 군사의 위세를 보이고 뒤로는 적의 퇴로를 막는 작전을 세웠다. 나는 장수들을 불러 모아 놓고 이번 작전이 수군과 육군의 합동작전임을 설명했다.

"이번 작전에서 바다는 수군이 맡고, 수군을 피해 남해의 해안가로 올라가는 왜적은 육군이 맡을 것이오. 따라서 수군과 육군은 모두 남해 해안선의 모양을 잘 살펴야 하는데, 해안선은 바로 프랙털과 관련이 깊소. 따라서 이번 작전에 참여하는 모든 장수들은 프랙털에 대하여 잘 알아야 하오."

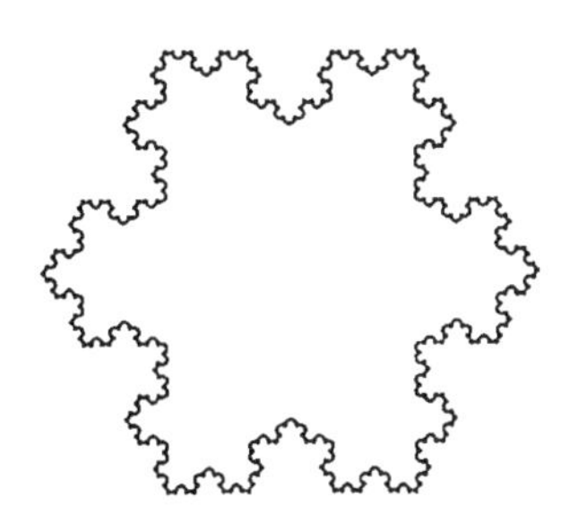

그러자 원균이 물었다.

"프랙털이라고요? 그게 무엇입니까?"

"그것은 '눈송이 곡선'으로 설명을 시작해야 하오. 눈송이 곡선은 유한의 넓이를 둘러싸는 무한대 길이의 곡선이오. 처음 시작하는 도형이 정삼각형인 경우 앞의 그림과 같이 그 모양이 눈의 결정체와 유사하여 눈송이 곡선이라고 하오. 이 곡선을 그리는 과정은 다음과 같소."

나는 눈송이 곡선을 그리는 순서를 차례대로 설명하기 시작했다.

① 정삼각형 A_1의 각 변을 삼등분하고, 가운데 선분 위에 그것을 한 변으로 하는 정삼각형을 그리고 가운데 선분은 지워서 도형 A_2를 만든다.

② 도형 A_2의 각 변에 대하여 ①의 과정을 반복하여 도형 A_3를 만든다.

③ 이와 같은 과정을 무한히 반복하면 눈송이 곡선이 완성된다.

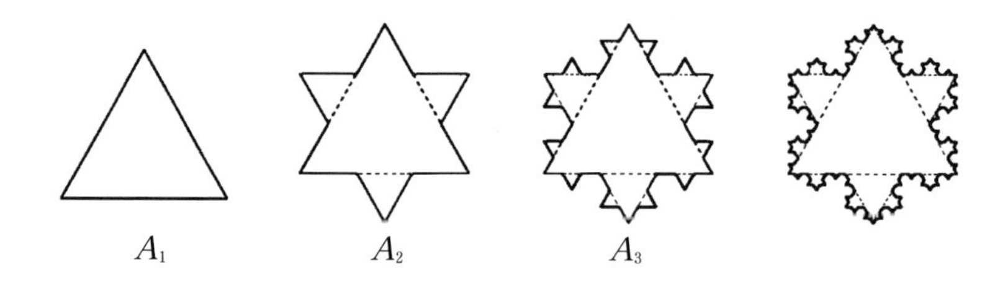

"눈송이 곡선의 둘레의 길이는 일정한 값으로 수렴하지 않고 무한히 커진다오. 하지만 한 변의 길이가 1인 정삼각형으로 만든 눈송이의 넓이는 등비급수의 합을 구하는 방법을 이용하면 $\frac{2\sqrt{3}}{5}$으로 수렴하오. 눈송이 곡선과 같이 그 영역의 넓이는 유한하지만 그 둘레의 길이는 무한대인 도형을 프랙털이라고 하오."

여기까지 설명하자 전라우수사 이억기가 나섰다.

"프랙털은 '조각', '부분'을 뜻하는 고대 서양말인 'fractus'에서 유래한 말이오. 단순한 선이 아니라 복잡하고 끊임없이 꺾인 것처럼 보이고, 무수히 쪼개진 면으로 이루어진 도형을 말합니다."

"그런데 해안선의 모양을 이해하기 위해 프랙털이 왜 필요하지요?"

이억기의 설명에도 원균은 이해를 못한 것 같았다. 그래서 나는 프랙털에 대하여 더 설명했다.

"서쪽으로 배를 타고 한참 가면 영국이라는 섬나라가 있소. 이 나라 사람 가운데 한 명이 '영국을 둘러싸고 있는 해안선의 총 길이는 얼마인가?'라는 문제를 풀면서 프랙털 이론을 설명했소. 영국의 해안선은 우리나라와 같이 들쑥날쑥한 리아스식 해안이오. 그는 영국 해안선의 길이는 어떤 단위의 자로 재느냐에 따라 얼마든지 달라질 수 있다고 주장했소. 이 그림을 보시오."

나는 원균에게 단위가 다른 자로 영국 해안선의 길이를 재는 그림을 보여 줬다.

원균은 그제서야 이해했다는 듯 고개를 끄덕이며 내게 물었다.

"해안선의 모양과 길이는 프랙털을 알면 정확히 파악할 수 있다는 말씀이군요. 다른 곳에서도 프랙털을 찾아볼 수 있는지요?"

"프랙털은 일부분이 전체와 닮은 기하학적 구조를 지니고 있지요. 이러한 특징을 자기유사성이라고 하오. 자연계에서도 프랙털이 자주 발견되는데 구름, 산맥, 강줄기, 번개, 해안선, 고사리 잎, 브로콜리, 나뭇가지 등이 프랙털의 모습을 하고 있소."

"그럼 평면 말고 공간에서도 프랙털이 있나요?"

"물론이오. 가장 대표적인 것으로 서양 사람의 이름을 붙인 '멩거 스펀지(Menger sponge)'라는 프랙털이 있소이다. 오스트리아의 수학자 멩거가 고안한 프랙털 도형이지요. 멩거 스펀지는 다음과 같은 차례로 만들 수 있소."

나는 그림을 그려 가며 멩거 스펀지에 대하여 원균에게 설명하기 시작했다.

① 정육면체 하나로 시작한다.

② 정육면체를 모양과 크기가 같은 27개의 작은 정육면체로 나눈다.

③ ②에서 나눈 정육면체 중에서 중앙의 정육면체 한 개와 각 면의 중앙에 있는 정육면체 6개를 빼낸다.

④ ③에서 남은 정육면체(20개)를 가지고 ②, ③의 과정을 반복한다.

⑤ ④의 과정을 계속 반복하면 멩거 스펀지를 만들 수 있다.

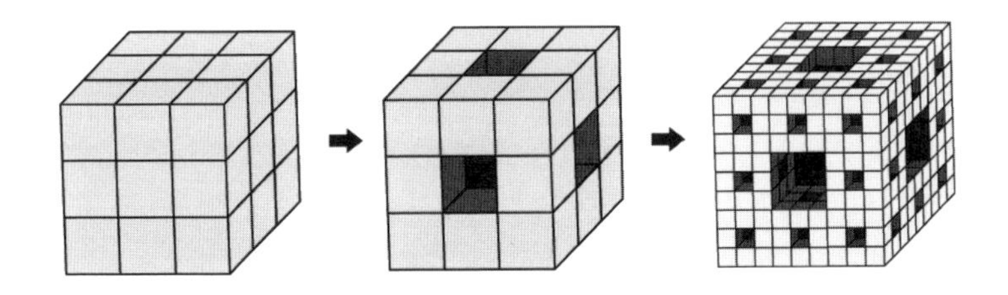

나의 설명이 끝나자 이억기가 말했다.

"멩거 스펀지에는 흥미로운 것이 또 있습니다. 멩거 스펀지를 만들 때 맨 처음 커다란 정육면체에서 없어지는 부분들이 생기는데, 이 없어지는 부분을 '안티 멩거 스펀지'라고 합니다. 예를 들어 아래 그림은 정육면체 쌓기 나뭇조각으로 만든 1단계 멩거 스펀지와 안티 멩거 스펀지입니다. 각각 20개의 조각과 7개의 조각으로 되어 있습니다."

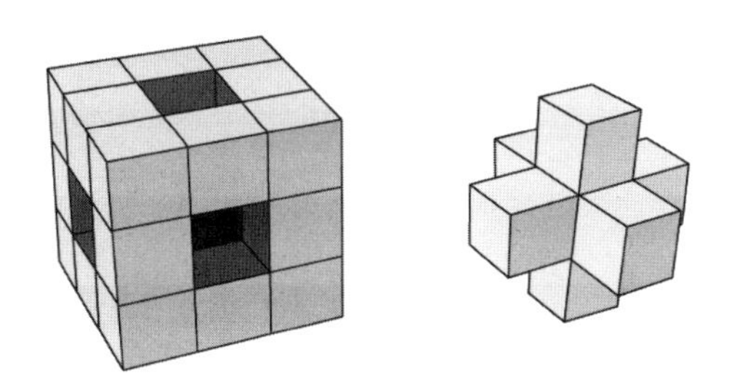

"그렇군요. 잘 알겠습니다. 그렇다면 저도 얼른 작전 준비를 하겠습니다."

장수들이 모두 돌아간 그날 밤, 우리 함대는 왜적을 섬멸하기 위하여 작전에 돌입했다. 이른 아침에 이억기와 원균 등과 함께 많은 군사를 거느리고 영등포와 장문포의 적진 앞바다에 있는 증도 바다에 학익진을 치고 온 바다를 가로 끊어서 왜적을 앞뒤로 포위했다. 그러자 왜적의 배 10척이 진해 선창으로부터 나와서 해안선을 끼고 행선했다. 어영담이 거느린 여러 장수들이 한꺼번에 돌진하여 좌우로 협공하자 6척은 진해 땅 읍전포에서, 2척은 고성 땅 어선포에서, 2척은 진해 땅 시구질포에서 배를 버리고 육지로 올라갔다. 우리는 이들을 모조리 깨뜨리고 불태웠다. 그러자 원균이 말했다.

"통제사께서 말씀하신대로 남해의 해안선을 정확히 파악하고 있어서 해안선을 끼고 도망치는 왜적을 섬멸할 수 있었습니다."

"그러니 원 수사도 앞으로 수학을 조금 더 공부하시오."

나의 말에 원균은 기분이 상한 듯했다. 장수된 자로서 작전을 펼치기 위해 수학은 필수적이건만 원균의 수학 실력은 약간 부족한 듯했다. 어쨌든 이날 우리는 많은 전과를 올렸는데, 그중에서 어영담의 공이 가장 컸다. 전라좌우도 수군은 큰 왜선 7척, 중간 왜선 8척, 작은 왜선 4척을, 경상우도의 수군은 큰 왜선 5척, 중간 왜선 6척을 깨뜨렸다. 예전과 달리 원균의 경상우도에서도 많은 수의 왜선을 깨뜨렸다. 그 이유는 이번 작전을 위해서 한효순 감사와 이빈 순변사 등이 경상도 차원에서 관여했고, 내가 설명한 프랙털을 잘 이용했기 때문이다.

15

갑오년 4월

과거 시험 점수의 통계와 대푯값

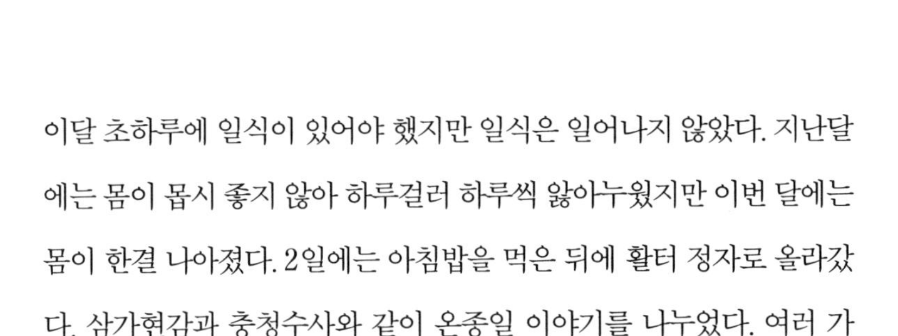

이달 초하루에 일식이 있어야 했지만 일식은 일어나지 않았다. 지난달에는 몸이 몹시 좋지 않아 하루걸러 하루씩 앓아누웠지만 이번 달에는 몸이 한결 나아졌다. 2일에는 아침밥을 먹은 뒤에 활터 정자로 올라갔다. 삼가현감과 충청수사와 같이 온종일 이야기를 나누었다. 여러 가지 논의를 한 결과 병사들의 사기를 높이기 위해 내일은 술 1,080동이를 나누어 주어 마시게 하기로 했다.

4일에는 원수의 군관 송홍득과 변홍달이 새로 급제한 홍패를 가지고 왔다. 홍패는 말하자면 과거 합격증이었다. 경상우병사의 군관 박의영이 와서 여러 장수의 안부를 전했다. 식사를 한 뒤에 삼가현감이 왔기에 활터 정자에 올랐다. 장흥부사가 술과 음식을 가지고 와서 종일 오순도순 이야기했다.

6일에는 과거 시험인 별시를 보는 장소를 개설했다. 시험관은 나와 전라우수사 이억기, 충청수사 구사직이었고 시험 감독관은 장흥부사 황세득, 고성현령 조응도, 삼가현감 고상안, 웅천현감 이운룡이었다. 7일과 8일 그리고 9일에 별시를 실시했다. 시험지를 채점하는데 점수가 천차만별이었다. 그때 구사직이 말했다.

"시험 점수의 평균을 내면 예전에 비하여 많이 떨어진 것 같군요."

그러자 이억기가 말했다.

"최빈값과 중앙값도 지난해보다 떨어졌군요."

구사직과 이억기가 이런 이야기를 나누자 고상안이 말했다.

"제가 평균은 알겠는데, 최빈값과 중앙값은 무엇인지요?"

"그것은 모두 통계에서 나오는 것이오. 전라우수사께서 이에 대하여 설명해 주시지요."

내가 말하자 고상안은 이억기 쪽으로 고개를 돌렸다. 그러자 이억기가 입을 열었다.

"우리 생활에서 통계를 이용하는 경우는 매우 많습니다. 특히 오늘과 같이 시험 점수를 처리하거나 물건을 팔 때도 활용합니다."

"그건 저도 약간 이해하고 있습니다. 그리고 평균을 구할 수도 있습니다. 다만 최빈값과 중앙값이 무엇인지 잘 모르겠습니다."

"통계의 다양한 내용 중에서도 가장 빈번하게 사용되는 대푯값은 자료의 특징을 하나의 수로 나타낸 값인 평균, 중앙값, 최빈값 등입니다."

"그럼 어떤 자료가 주어졌을 때 그 자료 전체의 특징을 하나의 수로 나타낸 것을 대푯값이라고 한다는 말씀이군요."

"그렇습니다. 평균은 안다고 하셨지만 다시 한 번 설명하겠습니다."

이억기는 고상안에게 평균에 대하여 설명하기 시작했다.

"평균에는 몇 가지 종류가 있습니다. 우리가 흔히 평균이라고 하면 산술평균을 말합니다. 산술평균은 n개의 원소 $x_1, x_2, \cdots, x_n$의 합을 n으로 나눈 것으로 $m=\frac{x_1+x_2+\cdots+x_n}{n}$입니다. 오늘 시험에 응시했던 사람들 21명의 시험 점수가 다음과 같을 때 평균을 구해 보겠습니다."

92, 88, 100, 86, 95, 73, 77, 91, 90, 87, 92, 92, 100, 86, 86, 82, 86, 91, 80, 86, 88

이억기는 시험에 응시한 21명의 점수로 평균을 구하기 시작했다. 평균은 21명의 점수를 모두 더한 값 1848을 21로 나눈 값 88이다.

$$m=\frac{1}{21}(92+88+100+86+95+73+77+91+90+87+92+92+100+86+86+82+86+91+80+86+88)=\frac{1848}{21}=88$$

"저도 평균은 구할 수 있습니다."

그러자 이억기는 위의 점수를 낮은 것부터 차례로 나열하여 다음과 같이 다시 적었다.

73, 77, 80, 82, 86, 86, 86, 86, 86, 87, 88, 88, 90, 91, 91, 92, 92, 92, 95, 100, 100

"이 점수에서 가운데 위치한 값은 무엇입니까?"

"21개의 가운데라면 앞에서도 뒤에서도 11번째군요. 그럼 88입니다."

"그것이 바로 중앙값입니다. 어떤 주어진 값들을 정렬했을 때 가장 중앙에 위치하는 값입니다."

그때 황세득이 물었다.

"이것은 자료가 21개로 홀수이므로 가운데에 있는 값을 쉽게 정할 수 있습니다. 그런데 이를 테면 1, 10, 90, 200과 같이 자료의 수가 짝수라면 어떻게 중앙값을 정하는지요?"

"좋은 질문입니다. 자료의 개수가 짝수 개일 때에는 중앙값이 유일하지 않고 두 개가 됩니다. 이 경우 그 두 값의 평균을 취합니다. 이를테면 네 수 1, 10, 90, 200의 중앙값은 10과 90의 평균인 50입니다."

이억기의 설명을 정리할 겸 내가 중앙값을 구하는 방법을 조금 더 설명했다.

"일반적으로 중앙값은 n이 홀수인 경우와 짝수인 경우로 나누어 구하지요. 먼저 n이 홀수인 경우는 변량을 크기순으로 나열했을 때, 중앙값은 $\frac{n+1}{2}$번째입니다. n이 짝수인 경우, 변량을 크기순으로 나열했을 때 중앙값은 $\frac{n}{2}$번째와 $\left(\frac{n}{2}+1\right)$번째 변량의 평균으로 정하지요."

나의 부연 설명이 끝나자 이억기는 최빈값에 대하여 설명하기 시작했다.

"대푯값 중에는 최빈값도 있습니다. 최빈값은 자료 가운데 가장 자주 나오는 값입니다. 이를테면 앞의 시험 점수에서 86이 5번으로 가장 많이 나오므로 최빈값은 86입니다."

그러자 다시 황세득이 물었다.

"평균이나 중앙값처럼 최빈값도 하나인가요?"

"아닙니다. 최빈값은 여러 개 있을 수 있습니다. 예를 들어 시험 점수에서 86이 5번 나오고 92도 5번 나왔다면 최빈값은 86과 92 두 가지입니다."

"잘 알겠습니다. 그런데 이런 값들은 어디에 이용되나요?"

황세득과 고상안이 동시에 묻기에 내가 대답했다.

"대푯값들이 실생활에서 사용되는 예를 들어 보지요. 예를 들어 충청수사 구사직께서 어느 동네에 가죽신 가게를 개업하려고 합니다. 이때 충청수사께서는 어떤 크기의 가죽신을 가장 많이 팔 수 있을까를 고민하겠지요. 그래서 그 동네 사람 40명을 임의로 선택하여 가죽신의 크기를 알아보기로 했습니다. 그리고 그 결과는 다음과 같았습니다."

250	230	230	260	270	265	260	245	230	265
255	275	260	240	235	250	265	225	265	230
250	230	230	260	270	265	260	245	230	265
255	275	260	240	235	250	265	225	265	230

나는 고상안과 황세득에게 가죽신의 크기를 적은 자료를 보여 줬다. 그리고 이 자료를 오른쪽 표와 같이 보기 쉽게 정리했다.

"내가 지금 작성한 오른쪽 표를 도수분포표라고 하지요. 우선 평균을 구하기 위하여 자료의 값을 모두 더하여 40으로 나누면 평균은

$\frac{10010}{40}$=250.25요. 이것은 무엇을 뜻하는지요?"

가죽신의 크기	명 수
225	2
230	8
235	2
240	2
245	2
250	4
255	2
260	6
265	8
270	2
275	2
합계	40

내가 묻자 황세득이 대답했다.

"이 동네에 사는 사람들의 평균 발 크기는 약 250mm임을 알 수 있습니다."

"그렇소. 그리고 오른쪽 표로부터 가죽신 크기의 자료의 개수는 모두 11개이므로 중앙값은 6번째인 250mm임을 알 수 있지요. 그렇다면 충청수사는 크기가 250mm인 가죽신을 가장 많이 준비해야 할까요?"

내가 묻자 고상안이 대답했다.

"평균이 250mm이니 당연히 250mm인 가죽신을 가장 많이 준비해야 하지 않겠습니까?"

"하하하, 아니오. 이 문제를 해결하기 위하여 또 다른 대푯값인 최빈값을 조사해 봅시다. 최빈값은 얼마인가요?"

고상안과 황세득은 도수분포표에서 명수가 가장 많은 값을 찾아서 말했다.

"발 크기가 230mm인 경우와 265mm인 경우가 가장 많습니다."

"그렇소이다. 결국 가장 많이 팔릴 수 있는 가죽신의 크기는 250mm가 아니고 230mm 또는 265mm라는 것이지요. 따라서 충청수사는 230mm와 265mm 가죽신을 가장 많이 준비해야 하겠지요."

여기까지 설명하자 구사직이 말했다.

"이번에는 제가 조금 더 설명할까요? 조사된 자료에 의하면 가죽신의 크기가 225mm부터 275mm까지 다양하게 분포되어 있습니다. 그렇다면 평균이나 중앙값 또는 최빈값과 같은 대푯값만으로는 자료의 분포 상태를 정확하게 파악할 수가 없습니다. 그래서 자료가 흩어져 있는 정도를 알아볼 필요가 있지요. 이때 자료가 흩어져 있는 정도를 하나의 수로 나타낸 값을 산포도라고 합니다. 즉, 산포도가 클수록 자료가 넓게 흩어져 있고, 산포도가 작을수록 자료가 밀집되어 있다는 뜻입니다."

구사직의 설명을 정리하면 이랬다.

통계에서는 조사된 자료를 변량이라고 한다. 변량이 흩어진 정도는 각 변량이 평균으로부터 얼마나 떨어져 있는가를 가지고 알아볼 수 있다. 즉, 각 변량과 평균과의 차를 이용하여 산포도를 나타낼 수 있다. 이때 어떤 변량에서 평균을 뺀 값을 그 변량의 편차라고 한다.

$$(\text{편차}) = (\text{변량}) - (\text{평균})$$

이를테면 위에서 구한 평균이 250mm이었으므로 변량 230mm에 대한 편차를 구하면 $230-250=-20$이고, 255mm에 대한 편차는 $255-250=5$다. 여기서 우리는 편차의 절댓값이 클수록 그 변량은 평균에서 멀리 떨어져 있고, 절댓값이 작을수록 평균에 가까이 있다는 것을 알 수 있다. 앞의 신발 크기에서 나타난 각 신발 크기의 편차와 그

편차의 총합을 구하여 표로 나타내면 다음과 같다.

가죽신의 크기	225	230	235	240	245	250	255	260	265	270	275	합계
편차	−25	−20	−15	−10	−5	0	5	10	15	20	25	0

편차는 그 변량이 평균으로부터 얼마나 떨어져 있는지를 알려주지만 편차의 합은 항상 0이므로 편차의 평균도 0이 되어 이 값으로는 변량이 흩어진 정도를 알 수 없다. 따라서 편차의 합이 0이 되지 않도록 편차의 제곱을 구하여 그 평균을 계산한다. 그런데 도수분포표에 의하면 230mm는 8개가 있다. 따라서 편차의 제곱의 평균을 구하려면 먼저 편차의 제곱에 그 변량의 도수(개수)를 곱하여 계산하여야 한다.

가죽신의 크기	225	230	235	240	245	250	255	260	265	270	275	합계
편차	−25	−20	−15	−10	−5	0	5	10	15	20	25	0
$(편차)^2$	625	400	225	100	25	0	25	100	225	400	625	2750
도수	2	8	2	2	2	4	2	6	8	2	2	40
$(편차)^2\times$(도수)	1250	3200	450	200	50	0	50	600	1800	800	1250	9650

이와 같이 평균을 중심으로 각 변량들이 흩어져 있는 정도를 알기 위해서는 각 편차의 제곱에 변량의 도수를 곱하여 합한 값을 변량의 개수로 나눈 값을 구한다. 이 값, 즉 편차의 제곱의 평균을 분산이라고

한다. 또 분산의 양의 제곱근을 표준편차라고 한다. 이를테면 위의 경우에 분산과 표준편차를 구하면 다음과 같다.

$$(\text{분산}) = \frac{\{(\text{편차})^2 \times (\text{도수})\}\text{의 총합}}{(\text{도수})\text{의 총합}} = \frac{9650}{40} = 241.25$$

$$(\text{표준편차}) = \sqrt{(\text{분산})} = \sqrt{241.25} \fallingdotseq 15.5$$

따라서 평균으로부터 흩어진 정도를 나타내는 분산과 표준편차는 각각 241.25와 약 15.5다. 주어진 자료에서 이 값들의 의미를 직관적으로 이해할 수는 없다. 그런데 앞에서 조사된 자료 이외에 새로 조사한 자료가 있다고 가정해 보자. 그리고 새로 조사한 자료의 분산은 250이고 표준편차는 약 15.8이었다면, 처음에 조사한 자료가 평균에서 흩어진 정도가 덜하다는 의미다. 모든 설명이 끝나자 내가 말했다.

"실생활에서 통계를 가장 많이 사용하고 있는 분야는 일기예보지요."

그러자 황세득이 물었다.

"비가 오거나 바람이 부는 것은 자연적인 현상인데 어떻게 예측할 수 있나요?"

"예를 들어 일 년 중 비는 얼만큼 내리고, 또 언제 가장 많이 내리는지 등의 자료를 모아 통계를 이용하여 분석하면 앞으로의 날씨를 예측할 수 있지요."

"그렇군요. 뜻밖의 유용한 사실을 알았습니다."

황세득의 말이 끝나기가 무섭게 갑자기 하늘에서 벼락이 쳤다. 그러자 지금까지 잠자코 있던 이운룡이 말했다.

"날씨와 관련된 고사성어도 많습니다. 그중에서 '맑게 갠 하늘의 벼락'이란 뜻의 '청천벽력(靑天霹靂)'이라는 고사성어가 있어요. 이 말이 무슨 뜻인지 아는지요?"

내가 잠자코 있자 이운룡이 말했다.

"이 말은 '생각지 않았던 무서운 일'이나 '갑자기 일어난 큰 사건이나 이변'을 뜻합니다. 청천벽력은 남송의 대시인 '육유'로부터 유래했지요. 그 시는 이렇습니다."

방옹이 병으로 가을을 지내고 [방옹병과추(放翁病過秋)]

홀연히 일어나 취하여 글을 쓰니 [홀기작취묵(忽起作醉墨)]

정히 오래 움츠렸던 용과 같이 [정여구칩룡(正如久蟄龍)]

푸른 하늘에 벼락을 치네 [청천비벽력(靑天飛霹靂)]

이운룡의 설명이 끝나자 내가 말했다.

"그렇소. 왜적이 우리나라를 침공한 것은 청천벽력이지요. 그러나 우리는 이를 잘 막아내야 하오. 그러니 오늘 우리는 그런 일을 할 인재를 통계를 이용하여 잘 선발해야 하오."

논의를 마치고 별시에 합격한 명단을 적은 방을 붙였다. 그때 군관이 뛰어와 황급히 보고했다.

"통제사. 조방장 어영담께서 병으로 갑자기 세상을 뜨셨습니다."

이것이야말로 청천병력이었다. 이 통탄함을 무엇으로 말하랴! 어영담은 실로 뛰어난 장수였다. 이런 장수를 잃음은 우리나라에 큰 손해다.

일이 이 지경이 됐으니 어찌 왜적을 잘 막아 낼 수 있을지 걱정이 앞섰다. 오늘 별시에서 쓸 만한 인재를 찾기는 했지만 어영담에 비할 수는 없었다. 어영담은 내가 매우 아끼는 장수고 앞으로 조선의 국방을 책임질 뛰어난 자였다. 이제 그를 잃었으니 마치 한 팔을 잃은 것 같았다.

그러나 기쁜 일도 있었다. 이번에 방답첨사 이순신이 충청수사를 제수(추천의 절차를 밟지 않고 임금이 직접 벼슬을 내리던 일) 받았다.

16

갑오년 7월

막역지우 같은 관계인 친화수

지금까지 우리 함대는 견내량에서 전라도로 침입하려는 왜적들을 잘 막아 내고 있었다. 장마철이 지났지만 비가 자주 내리고 바람도 거칠게 불었다. 다행히 명나라의 장수가 오는 17일은 날씨가 맑았다. 이날 새벽에 포구로 나가 진을 쳤다. 오전 10시쯤에 명나라 장수 파총 장홍유가 5척의 배를 거느리고 왔다. 돛을 달고 들어와서 곧장 영문에 이르러서는 육지에 내려 이야기하자고 청했다. 그래서 나는 여러 수사들과 함께 활터 정자에 올라가서 그에게 올라오기를 청했다. 장홍유가 배에서 내려 곧 정자로 왔다. 이들과 같이 앉아서 먼저 바닷길 만 리 먼 길을 어렵다 않고 여기까지 오신 것에 대하여 감사함을 비길 데가 없다고 했다. 장홍유는 그리 험한 항해는 아니었다고 답했다.

다음 날 장홍유와 술자리를 마련했다. 내년 봄에 배를 거느리고 곧장 제주에 이르러 우리 수군과 합세하여 추악한 적들을 무찌르자고 합의했다. 그에게 환영 예물을 줬더니 감사해 마지못하겠다면서 답례로 많은 예물을 줬다.

20일 아침에 통역관이 와서 장홍유가 남원에 있는 총병관 유정이 있는 곳에는 가지 않고 곧장 돌아가겠다고 했다. 나는 장홍유에게 간절히 말을 전했다.

"처음에 파총 장홍유가 남원으로 온다는 소식이 이미 총병관 유정에게 전해졌습니다. 만약 가지 않는다면 그 중간에 남의 말들이 있을 것입니다. 바라건대 가서 총병관을 만나 보고 돌아가는 것이 좋겠습니다."

"통제사의 말이 옳소. 말을 타고 혼자 가서 총병관을 만나 본 뒤에 군산으로 가서 배를 타고 돌아가겠소."

아침 식사를 한 뒤에 장홍유가 내 배로 와서 조용히 이야기하고 이별의 잔을 권했다. 장홍유가 일곱 잔을 마셨다. 같이 포구 밖으로 나가 두 번, 세 번 애달픈 뜻으로 송별했다. 그러자 장홍유가 말했다.

"명나라와 조선은 관포지교(管鮑之交)의 나라입니다."

그래서 내가 말했다.

"그렇습니다. 명나라와 조선은 마치 220과 284와 같습니다."

"하하하. 역시 통제사는 뛰어난 분이군요. 그렇습니다. 그리고 이번 전쟁에서 명나라는 조선을 힘껏 도울 것이니 너무 걱정하지 마시기 바랍니다."

전라우수사, 충청수사, 순천부사, 발포만호, 사도첨사와 같이 장홍유를 환송한 뒤에 암자에 올라가 술을 마시며 이야기했다. 그때 사도첨사가 물었다.

"제가 관포지교는 알겠는데, 통제사께서 말씀하신 220과 284가 관포지교와 어떤 관계인지는 모르겠습니다."

"그럼 먼저 관포지교에 대하여 말해 보시겠소?"

"관포지교는 '아주 친한 친구 사이의 사귐'을 이르는 말입니다. 이 말은 『사기(史記)』의 '관안열전'에 나오는 관중과 포숙아의 이야기에서 유래됐지요. 그 내용은 이렇습니다."

사도첨사가 설명한 관포지교의 유래는 이랬다.

중국의 춘추 시대 초, 제(齊)나라에 관중과 포숙아라는 관리가 있었는데, 이들은 어려서부터 아주 친한 친구였다. 그런데 나중에 관중은 제나라 양공의 아들 규를 섬기고 포숙아는 규의 동생 소백을 섬겼다. 그러던 중 양공이 사촌동생 공손무지에게 시해되자(B.C. 686) 관중은 규와 함께 노(魯)나라로 망명했고, 포숙아는 소백과 함께 거(莒)나라로 망명했다. 얼마 후 공손무지가 살해되자 규와 소백은 임금의 자리를 놓고 대립하게 됐고, 관중과 포숙아는 본의 아니게 서로 정적이 됐다.

관중은 규를 왕위에 앉히기 위해 소백을 암살하려 했지만 실패했고, 결국 소백이 먼저 제나라로 들어와 환공(B.C. 685~643)이라 일컫고 왕위에 올랐다. 환공은 노나라로 망명한 규를 죽이고 관중을 제나라로 압송했다. 환공은 자기를 죽이려 한 관중을 죽일 작정이었지만 포숙아가 이를 간절히 말렸다.

"전하. 제나라만을 다스리겠다면 신으로도 충분할 것이옵니다. 하지만 천하를 얻으시려면 관중을 중용해야 합니다."
환공은 자기가 신뢰하는 포숙아의 말을 따라 관중을 대부로 중용하고 정사를 맡겼다. 관중은 과연 자신의 역량을 발휘하여 환공을 춘추 시대의 첫 번째 패자로 군림하게 만들었다. 이것은 환공의 관용과 관중의 재능이 어우러진 결과였지만 그 시작은 관중에 대한 포숙아의 변함없는 우정이었다. 그래서 훗날 관중은 포숙아에 대한 감사의 마음을 다음과 같이 표현했다.
"나는 젊어서 포숙아와 함께 장사를 했는데 이익금을 내가 더 챙겼지만 그는 나를 욕심쟁이라고 하지 않았다. 내가 가난하다는 걸 알고 있었기 때문이다. 또 그를 위해 해준 일이 실패로 돌아가 오히려 그를 궁지에 빠뜨린 적이 있었지만 그는 나를 어리석은 자라고 말하지 않았다. 일이란 성공할 때도, 실패할 때도 있다는 것을 알고 있었기 때문이다. 또 나는 세 번이나 벼슬을 했지만 그때마다 쫓겨났다. 그때도 포숙아는 나를 무능하다고 하지 않았다. 내가 아직 때를 만나지 못했다는 걸 알았기 때문이다. 어디 그뿐인가. 나는 싸움터에서도 도망친 적이 세 번 있었지만 그는 나를 비겁하다고 말하지 않았다. 나에게 늙은 어머니가 계신 걸 알았기 때문이다. 또 규가 죽고 내가 사로잡히는 치욕을 당했을 때도 그는 나를 부끄러움을 모르는 자라고 욕하지 않았다. 내가 작은 일에 구애받기보다는 천하에 공명을 떨치지 못하는 걸 부끄러워한다는 사실을 알고 있었기 때문이다. 어쨌든 나를 낳아 주신 분은 부모지만 나를 알아준 사람은 포숙아였다."

사도첨사의 설명이 끝나자 순천부사가 말했다.

"관포지교와 같이 친구 사이의 우정을 나타내는 말에는 막역지우(莫逆之友)도 있지요. 막역지우를 그대로 해석하면 '거스름이 없는 친구'며, 이는 마음이 맞는 절친한 친구를 뜻합니다."

"그렇습니다. 관포지교나 막역지우는 아주 친한 친구 사이를 말하지요. 수에도 관포지교나 막역지우와 같은 친구가 있소이다."

나는 친구와 같은 관계가 있는 두 수를 설명하기 위하여 고대 그리스의 수학자 피타고라스를 이야기해야 했다.

"수에 대하여 친구 관계를 처음 말한 사람은 바로 고대 그리스의 수학자 피타고라스지요. 어느 날 피타고라스가 제자로부터 "친구란 어떤 관계입니까?"라는 질문을 받자 그는 "친구란 또 다른 나다. 마치 220과 284처럼."이라고 답했지요. 이후 피타고라스의 제자들은 220과 284를 친화수(親和數)라고 부르기 시작했고 이를 우애수 또는 친구수라고도 하지요."

여기까지 설명하자 충청수사 이순신이 말했다.

"통제사. 친화수를 이해하기 위해서는 먼저 약수에 대하여 알아야 하지 않을까요?"

"하하하. 맞소이다. 그럼 충청수사께서 간단히 약수에 대하여 말해 주시겠소?"

"그러지요. 약수(約數, divisor)는 어떤 수를 나누었을 때 나머지가 0인 수, 즉 나누어떨어지는 수를 말합니다. 예를 들어 자연수 6을 나누어떨어뜨릴 수 있는 수는 1, 2, 3, 6입니다. 따라서 6의 약수는 1, 2, 3, 6입니다."

"그렇소. m이 n의 약수일 때 기호로 $m|n$으로 표기하지요. 예를 들어 3이 6의 약수라는 표현은 기호로 $3|6$으로 쓰지요."

다시 충청수사 이순신이 말했다.

"약수는 음수가 될 수도 있습니다. 예를 들어 -3은 6을 나누어떨어뜨리므로 $-3|6$입니다. 또한 0이 아닌 임의의 수 n이 있을 때 -1, 1, $-n$, n은 항상 n의 약수이므로 이들을 '자명한 약수'라고 합니다. 그리고 이들을 제외한 약수를 '고유 약수'라고 부르며, 자기 자신인 n을 제외한 약수를 '진약수'라고 부릅니다."

충청수사 이순신의 말에 사도첨사가 말했다.

"그럼 6의 약수는 -1, 1, -2, 2, -3, 3, -6, 6이라는 말씀이군요. 그런데 왜 아까는 양수만 말씀하셨는지요?"

"음수의 경우는 양수와 부호만 다를 뿐 약수에 관한 성질이 같기 때문에 보통은 음수인 약수를 생각하지 않습니다. 그래서 약수를 말할 때는 양수인 약수만 말합니다."

"그렇군요. 그럼 친화수는 약수와 어떤 관계인지요?"

나는 사도첨사의 물음에 친화수에 대하여 말하기 시작했다.

"피타고라스가 220과 284를 친구라고 했던 이유는 220의 진약수 1, 2, 4, 5, 10, 11, 20, 22, 44, 55, 110을 모두 더하면 합이 284이고, 마찬가지로 284의 진약수 1, 2, 4, 71, 142를 모두 더하면 220이기 때문이었소. 이와 같이 두 수가 친화수라는 것은 한 수의 진약수의 합이 다른 수와 같고, 그 반대의 경우도 동시에 성립한다는 뜻이오."

그러자 이억기가 나의 설명을 이어받아 친화수에 대하여 더 자세히 설명하기 시작했다.

"친화수의 쌍이 유한개인지 무한개인지는 아직 밝혀지지 않았습니다. 그리고 현재까지 알려진 친화수는 둘 다 짝수이거나 둘 다 홀수인 경우뿐입니다. 더욱이 짝수와 홀수로 이뤄진 친화수가 존재하는지 여부와 서로소인 친화수가 존재하는지도 아직까지 밝혀지지 않고 있습니다."

"그렇소. 850년경 아라비아 수학자 사빗 이븐 쿠라(Thabit ibn-Qurra, 826~901)는 친화수를 구하는 정리를 만들기도 했지요. 그는 바그다드에 '지혜의 집'을 세우고 문하생들과 함께 고대 그리스 수학자인 유클리드의 『원론』과 프톨레마이오스의 『수학 대계』 등을 아라비아 어로 번역했지요."

여기까지 말한 나는 친화수를 구하는 이븐 쿠라의 정리를 소개했다.

"친화수를 구하는 이븐 쿠라의 정리는 다음과 같소."

1보다 큰 정수 n에 대하여 $p=3\times2^{n-1}-1$, $q=3\times2^{n}-1$, $r=9\times2^{2n-1}-1$을 만족하는 소수 p, q, r이 존재할 때, $2^{n}pq$와 $2^{n}r$은 친화수의 관계가 있다.

이억기가 말했다.

"그런데 불행하게도 이븐 쿠라가 제시한 이 정리는 모든 친화수의 짝에 대하여 성립하지는 않습니다. 예를 들어 보면 친화수 (220, 284),

(17296, 18416), (9363584, 9437056)은 이 관계식을 만족하지만 (6232, 6368)은 친화수임에도 이 관계식을 만족하지 않습니다."

내가 말했다.

"역시 이억기 수사는 학문이 뛰어나시군요. 고대 그리스 인들은 친화수를 찾으려고 많은 노력을 했지만 220과 284 이외의 친화수는 발견하지 못한 것으로 알려져 있지요. 그래서 피타고라스의 제자들뿐만 아니라 고대 수학자들은 이 한 쌍의 친화수를 신성하게 여겼고, 종교 의식과 점성술 그리고 마법과 부적을 만드는 데 이용하기도 했지요."

그러자 사도첨사가 물었다.

"친화수를 어떻게 마법이나 부적에 이용했나요?"

"고대 그리스 인들은 숫자를 당시 자신들이 사용하던 알파벳을 이용하여 나타냈기 때문에 어떤 사람의 이름이라도 수로 바꿀 수 있었습니다. 따라서 모든 사람은 자신의 이름에 대응하는 수가 있었지요. 만일 결혼을 하기로 한 젊은 남녀의 이름으로부터 얻은 두 수가 친화수라면 행복하고 완벽한 결혼이라고 여겼지요. 이는 마치 우리나라에서 결혼할 때 궁합이 좋고 나쁜지를 따지는 것과 같습니다."

나의 대답에 이억기가 설명을 덧붙였다.

"초기에는 220과 284 이외의 다른 친화수의 쌍은 발견되지 않았습니다. 그러다가 프랑스의 수학자 페르마가 두 수 17296과 18416이 친화수라는 것을 밝혔습니다. 그리고 곧이어 프랑스의 또 다른 수학자인 데카르트가 세 번째 친화수 쌍인 9363584와 9437056을 찾았습니다. 그 후 스위스의 수학자 오일러는 30쌍의 친화수를 찾았고, 더 연구한

끝에 모두 60쌍의 친화수를 찾았습니다. 흥미로운 것은 16살의 이탈리아 소년 니콜로 파가니니가 아무도 발견하지 못했던 작은 친화수의 쌍 1184와 1210을 발견했다는 것입니다. 현재까지 알려진 친화수는 약 400쌍가량 되며 12285와 14595도 그중 한 가지입니다. 참고로 이 소년은 바이올리니스트 니콜로 파가니니와는 다른 사람입니다."

"그렇소. 현재까지 알려진 가장 작은 친화수의 쌍 10개는 다음과 같지요."

(220, 284), (1184, 1210), (2620, 2924), (5020, 5564),
(6232, 6368), (10744, 10856), (12285, 14595),
(17296, 18416), (63020, 76084), (66928, 66992)

내가 친화수를 적어서 보여 주자 순천부사, 발포만호, 사도첨사가 장홍유와 내가 나누었던 대화를 그제서야 이해했다는 듯 고개를 끄덕였다.

나는 이달 21일에 장홍유와의 문답 내용을 권율 원수에게 보고했다. 오후에 흥양의 군량선이 들어왔다. 나의 아들 회가 방자에게 매질했다고 하기에 아들을 잡아와서 뜰아래에 세워 꾸짖었다. 저녁나절에 발포만호가 복병을 내보내는 일로 와서 아뢰고 갔다. 이억기가 군량 20섬을 꾸어 갔다.

17

을미년(1595년) 1월

심란한 마음을 진정시킨 우박수와 바보 셈

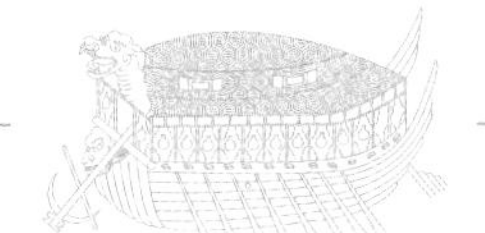

지난해에는 어머니를 여수로 모셔 와서 설을 함께 쇠었는데, 올해는 그러지 못했다. 촛불을 밝히고 홀로 앉아서 나이 여든에 병드신 어머니를 생각하며 뜬눈으로 밤을 새웠다. 또 나랏일을 생각하니 무심결에 눈물이 흘렀다. 1일 새벽에 여러 장수들과 색리 그리고 군사들이 와서 세배를 했기에 그들에게 술을 줬다. 조카 봉과 아들 울이 들어와서 "어머니께서 평안하시다."고 하니 기쁘고 다행이다. 요즘 들어 여러 가지 걱정에 잠을 이루지 못하고 있다.

7일에는 흥양현감 배흥립과 이야기하고 있는데, 남해로 투항해 온 왜놈인 야에몬 등이 왔다. 올해에는 각 수영의 장수들이 많이 전보됐다. 광양현감도 바뀌었는데, 8일 새로운 현감 송전이 공식적인 인사를 했다.

10일에는 새로 온 순천부사 박진의 인사를 받았다. 마침 경상우수사 원균이 선창에 왔다고 해서 불러들여 이야기했다. 이 자리에서 순천부사, 흥양현감, 광양현감, 웅천현감, 고성현감, 거제현감 등도 함께 이야기를 나눴다.

11일에는 우박이 오고 샛바람이 불었다. 순천부사, 흥양현감, 고성현감, 웅천현감, 영등포만호가 와서 이야기를 나눴다. 큰 바람과 거센 파도로 배가 가만히 있지를 못하니 마음이 극도로 심란했다. 게다가 지난 전투에서 길 잃은 왜적의 총탄을 맞은 이후에 몸이 자주 아팠다. 오늘도 몸이 불편하여 하루 종일 누워 있었더니 힘들었다. 마음을 편안케 하는 가장 좋은 방법은 수학이라 생각하고 도훈도를 불렀다. 예전부터 도훈도와 이런저런 수학 이야기를 나누다 보면 문제에 집중하게 되기 때문에 마음을 진정시킬 수 있었다. 마침 도훈도가 도착하여 내가 물었다.

"아직도 우박이 내리고 있는가?"

"우박과 비는 그쳤습니다."

도훈도에게 물었다.

"혹시 우박과 관련된 재미있는 수학이 있으면 알려 주게."

도훈도는 잠시 생각하더니 말했다.

"통제사께서는 우박수라는 것을 알고 계시는지요?"

"우박수? 처음 듣는구나. 자세히 이야기해 보거라."

"먼저 자연수 하나를 고릅니다. 이 수가 짝수면 2로 나누고, 홀수면 3을 곱한 다음 1을 더합니다. 다시 그 수가 짝수면 2로 나누고, 홀수면 3을 곱한 다음 1을 더합니다. 이 과정을 반복하면 그 수는 어떻게 되겠습니까?"

"거의 대부분의 수는 결국 1이 되겠구나."

"그렇게 생각할 수 있습니다. 이것은 3을 곱하고 1을 더하는 과정 때문에 '($3n+1$)문제'라고도 합니다. 처음에 고른 수가 3이면 3은 홀수이므로 다음 수는 $3\times3+1=10$이고, 10은 짝수이므로 다음 수는 5입니다. 그런데 5는 홀수이므로 3을 곱하고 1을 더하면 $5\times3+1=16$이고, 16은 짝수이므로 다음 수는 16을 2로 나눈 8입니다. 8은 짝수이므로 2로 나누면 4이고, 4는 다시 짝수이므로 2로 나누면 2가 됩니다. 또 2도 짝수이므로 2로 나누면 1이 됩니다. 이 과정을 정리하면 다음과 같습니다."

$$3\to10\to5\to16\to8\to4\to2\to1$$

"수가 잠깐 커지기는 하지만 짝수가 될 때마다 절반씩 줄어들기 때문에 얼핏 보면 모든 수가 결국 1이 될 것 같아 보이는구나."

"그렇습니다."

"만약 7로 시작한다면 7은 홀수이므로 3을 곱하고 1을 더하여 22가 되고, 22는 짝수이므로 11이 되겠구나."

"그렇습니다. 11에 다시 3을 곱하여 1을 더하면 34고 이것을 2로 나누면 17이 됩니다."

"그렇다면 수가 점점 커지므로 7은 결국 1이 되지 않을 수도 있겠구나."

"아닙니다. 모든 과정을 거치면 결국 1이 됩니다."

도훈도는 위의 규칙으로 7을 계산한 결과를 나에게 보여 줬다.

$$7 \to 22 \to 11 \to 34 \to 17 \to 52 \to 26 \to 13 \to 40$$
$$\to 20 \to 10 \to 5 \to 16 \to 8 \to 4 \to 2 \to 1$$

"이처럼 수가 커졌다 작아졌다를 반복하다가 어느 순간 계속 작아져 1이 되는 모습이 마치 우박이 구름 속에서 오르내리며 자라다가 지상으로 떨어지는 것과 비슷하다는 뜻에서 이 수들을 우박수라고 부릅니다."

"우박수라니, 재미있는 말이구나. 그럼 자네는 바보 셈에 대하여 알고 있는가?"

"바보 셈이라고요? 소인은 처음 듣습니다."

"어떤 병사가 활을 10번 쏘아서 과녁에 3번 명중시켰다면 이 병사의 명중률은 $\frac{3}{10}$이지. 이 병사가 추가로 4번 더 활을 쏘아 1번 과녁에 명중시켰다면 모두 14번 쏘아 4번 명중시킨 것이므로 명중률은 $\frac{4}{14}$가 되네. 명중률을 계산하는 연산 기호를 ⊕라고 하면 $\frac{3}{10} \oplus \frac{1}{4} = \frac{3+1}{10+4} = \frac{4}{14}$로 나타낼 수 있네."

"그렇군요. 그런데 보통 분수의 덧셈은 분모를 통분해서 계산해야 맞지 않습니까?"

"그렇지. ⊕는 분수의 덧셈을 옳게 하지 않아. 특이하게도 분모는 분모끼리 더하고 분자는 분자끼리 더하는 연산이라네. 그래서 일명 바보 셈이라고 한다네."

"재미있습니다. 바보 셈은 처음 듣습니다."

"바보 셈으로 바보수열을 만들 수 있지(이 수열을 실제로는 패리 수열이라고 한다). 바보수열이란 0과 1 사이의 기약분수(분모와 분자 사이의 공약수가 1뿐이어서 더 이상 약분되지 않는 분수) 중에서 분모가 n 이하인 분수들과 0과 1을 작은 수부터 차례로 나열한 것으로 다음과 같네."

$$n=1\text{일 때 } \frac{0}{1}, \frac{1}{1}$$

$$n=2\text{일 때 } \frac{0}{1}, \frac{1}{2}, \frac{1}{1}$$

$$n=3\text{일 때 } \frac{0}{1}, \frac{1}{3}, \frac{1}{2}, \frac{2}{3}, \frac{1}{1}$$

$$n=4\text{일 때 } \frac{0}{1}, \frac{1}{4}, \frac{1}{3}, \frac{1}{2}, \frac{2}{3}, \frac{3}{4}, \frac{1}{1}$$

내가 바보수열 몇 개를 종이에 적자 도훈도가 말했다.

"모든 바보수열의 임의의 항은 이웃하는 양쪽의 두 항에 대하여 바보 셈을 한 결과와 같습니다."

"오, 어찌 알아보았는가? 정말 그렇다네. 바보수열을 $\{a_n\}$이라고 할 때 $n=4$이면 $a_3 \oplus a_5 = \frac{1}{3} \oplus \frac{2}{3} = \frac{1+2}{3+3} = \frac{3}{6} = \frac{1}{2} = a_4$가 된다네."

"그렇다면 제가 $n=5, 6, 7$일 때의 바보수열을 구해 보겠습니다."

도훈도는 역시 수학자답게 즉시 바보수열을 구하기 시작했다. 그가 $n=5, 6, 7$에 대하여 각각 구한 바보수열은 다음과 같았다.

$$n=5\text{일 때 } \frac{0}{1}, \frac{1}{5}, \frac{1}{4}, \frac{1}{3}, \frac{2}{5}, \frac{1}{2}, \frac{3}{5}, \frac{2}{3}, \frac{3}{4}, \frac{4}{5}, \frac{1}{1}$$

$$n=6\text{일 때 } \frac{0}{1}, \frac{1}{6}, \frac{1}{5}, \frac{1}{4}, \frac{1}{3}, \frac{2}{5}, \frac{1}{2}, \frac{3}{5}, \frac{2}{3}, \frac{3}{4}, \frac{4}{5}, \frac{5}{6}, \frac{1}{1}$$

$n=7$일 때

$$\frac{0}{1}, \frac{1}{7}, \frac{1}{6}, \frac{1}{5}, \frac{1}{4}, \frac{2}{7}, \frac{1}{3}, \frac{2}{5}, \frac{3}{7}, \frac{1}{2}, \frac{4}{7}, \frac{3}{5}, \frac{2}{3}, \frac{5}{7}, \frac{3}{4}, \frac{4}{5}, \frac{5}{6}, \frac{6}{7}, \frac{1}{1}$$

"자네가 구한 바보수열을 좌표평면 위에 나타내면 흥미로운 일이 벌어진다네."

내 말을 들은 도훈도는 $n=6$일 때의 바보수열을 좌표평면 위에 나타내려고 했다. 그래서 내가 설명을 덧붙여 줬다.

"이렇게 해 보게. 바보수열에 나타난 분수를 좌표평면 위에 나타낼 때 분모는 x축에, 분자는 y축에 대응하여 점을 찍어 보게."

"예. 6번째 바보수열을 좌표평면 위에 나타내면 아래 왼쪽 그림과 같고, 원점에서 이 점에 직선을 그으면 오른쪽 그림과 같습니다."

"그렇지. 각각의 분수들은 이와 같이 얻어진 직선의 기울기와 같네. 특히 이웃했던 두 분수는 좌표평면에서도 인접한 두 직선으로 나타나

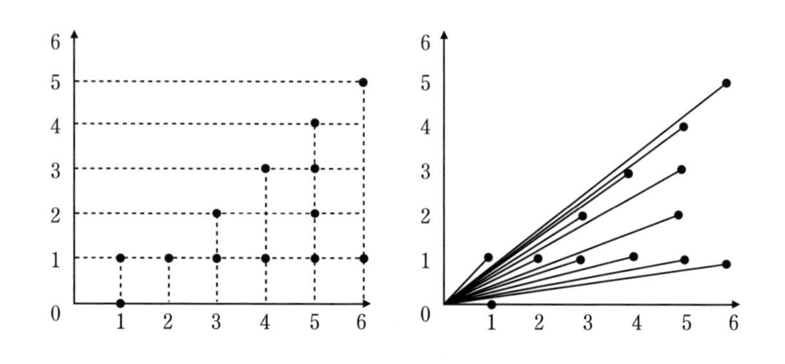

지. 그리고 이 직선들은 절대로 겹치는 법이 없네."

"정말 흥미로운 수열입니다."

"옳지 않다고 배운 분수 계산법인 바보 셈이 놀랍고 재미있는 수학이 될지 누가 알았겠는가? 이처럼 수학은 틀린 것에서조차도 새로운 분야가 개척되는 학문이라네."

"저는 지금껏 그것을 모르고 수학을 해 왔습니다. 오늘 통제사께서 제게 큰 가르침을 주셨습니다. 감사합니다."

도훈도와 이야기를 나누었더니 마음이 진정됐다. 19일에는 대청에 나가 공무를 보았다. 장흥부사, 낙안군수, 발포만호가 들어왔는데 기한을 어긴 죄를 물어 곤장을 쳤다. 조금 있다가 여도 전선에서 실수로 불을 내어 광양·순천·녹도의 전선 4척이 그 불길에 탔다. 멀쩡한 전선을 실수로 잃으니 통탄함을 이길 수 없었다.

18

을미년 6월

감각의 크기를 표현할 수 있는 지수와 로그

올해 여러 장수들이 군영을 옮기거나 직을 바꾸었는데, 충청수사도 선거이로 바뀌었다. 이달 3일 저녁에 방답첨사, 사도첨사, 여도만호, 녹도만호가 와서 활 15순을 쏘았다. 4일에 다시 활 15순을 쏘았다. 그런데 5일에는 정오부터 비가 내려서 활을 쏘지 못했다. 그리고 나는 몸이 몹시 쓰리고 불편하여 저녁 식사도 먹지 못하고 종일 앓았다. 그래도 종이 들어와서 어머니께서 편안하시다고 하니 마음이 놓였다.

6일에는 종일 비가 왔고 몸도 몹시 불편했다. 내가 앓고 있는 동안 송희립이 들어왔다. 그 편에 도양장의 농사 형편을 들었다. 흥양현감 배흥립이 무척 애를 썼기 때문에 추수가 잘될 것이라고 했다. 하지만 나는 몸이 너무 불편하여 종일 앓아누워 있었다. 몸은 나을 기미를 보이지 않고 있었다.

9일에 몸이 아파 답답하고 걱정이 됐다. 조방장 신호와 사도첨사·방답첨사가 편을 갈라서 활쏘기를 했는데, 신호 편이 이겼다. 저물녘에 탐후선이 들어와서 "어머니께서 이질에 걸리셨다."고 한다. 걱정이 되어 눈물이 났다. 그때 마침 권율 원수의 군관 이희삼이 다시 들어왔기 때문에 내가 눈물을 흘리는 것을 보았다.

"통제사께서 눈물을 흘리고 계셨습니까? 몸이 몹시 아프신 모양입니다."

"아니오. 통증은 있지만 참을 만하오. 다만 나라와 어머님이 걱정되어 나도 모르게 눈물을 흘리고 말았소이다."

"그러시군요. 많이 아프시면 아프신 만큼 통증은 더 참을 수 없을 텐데, 견딜 만하시다니 다행입니다."

"고맙소. 그런데 군관은 사람이 느끼는 통증을 수식으로 나타낼 수 있다는 것을 알고 있소?"

"처음 듣는 이야기입니다. 통증을 어떻게 수학으로 나타낼 수 있습니까?"

"통증은 사람이 느끼는 감각의 크기 가운데 한 가지지요. 그리고 감각의 크기는 로그를 이용하여 나타낼 수 있소."

"로그요? 그건 또 무엇입니까?"

"내가 몸이 불편하니 도훈도를 불러 설명하리다."

나는 도훈도를 방으로 불러들였다.

"자네가 로그에 대하여 이분에게 설명해 주겠나. 나는 옆에서 들으면서 조금 쉬어야겠네."

"알겠습니다."

도훈도는 이희삼에게 로그에 대하여 설명하기 시작했다.

"로그를 이해하려면 먼저 지수에 대하여 알아야 합니다."

"지수? 지수는 또 무엇이오?"

"예를 들어 2를 여러 번 곱한 수는 다음과 같이 간단히 나타낼 수 있습니다."

$$2\times2=2^2$$

$$2\times2\times2=2^3$$

$$2\times2\times2\times2=2^4$$

$$\vdots$$

도훈도는 2를 여러 번 곱한 수를 몇 개 적더니 말을 이어 갔다.

"이때 2^2, 2^3, 2^4, …을 통틀어 2의 거듭제곱이라고 하고 2를 거듭제곱의 밑, 곱하는 개수를 나타내는 2, 3, 4, …를 거듭제곱의 지수라고 합니다. 마찬가지 방법으로 수 a를 n번 곱하는 경우는 a^n으로 나타낼 수 있습니다."

"그럼 이 경우에는 a가 밑이고 n이 지수겠군요."

"그렇습니다. 이때 $a^2\times a^3=(a\times a)\times(a\times a\times a)=a^5$입니다. 마찬가지로 $a^m\times a^n=a^{m+n}$이 성립합니다."

"그렇군요. 이거 재미있는데요."

"이번에는 $(a^4)^2$을 a의 거듭제곱으로 간단히 나타내 보겠습니다. 그러면 $(a^4)^2=a^4\times a^4=a^{4+4}=a^8$입니다."

"아하. 그럼 일반적으로 $(a^m)^n=a^{mn}$이 성립한다는 말씀이군요."

"그렇습니다. 그럼 나누기의 경우는 어떨까요? 이를테면 $a^5\div a^3$와 같은 경우 말입니다."

"$a^5\div a^3=\frac{a^5}{a^3}$이고, $\frac{a^5}{a^3}=\frac{a\times a\times a\times a\times a}{a\times a\times a}=a\times a$이므로 $a^5\div a^3=a^2$이로군요."

"그렇습니다. 일반적으로 $a^m\div a^n=a^{m-n}$이 성립합니다."

"그런데 이것이 로그라는 것과는 어떤 관계가 있는지요?"

이희삼이 묻자 도훈도가 답했다.

"이제 설명드리겠습니다. 0보다 크고 1이 아닌 어떤 수 a를 x번 곱하면 어떨까요?"

"그야 a^x으로 나타낼 수 있고, 이에 해당하는 어떤 값이 있겠지요."

"맞습니다. 일반적으로 양수 N에 대하여 $a^x=N$을 만족시키는 실수 x는 오직 하나 존재합니다. 이때 x를 $x=\log_a N$과 같이 나타내고, a를 밑으로 하는 N의 로그라고 합니다. 또 N을 $\log_a N$의 진수라고 합니다."

"잠깐만요. 그렇다면 $a^x=N$이라는 것은 $x=\log_a N$으로 나타낼 수 있다는 것인지요?"

"예. 바로 그겁니다. 이를테면 $3^2=9$는 $2=\log_3 9$와 같이 나타낼 수 있습니다. 그러면 $\log_3 27$의 값은 얼마인지 아시겠습니까?"

"$\log_3 27=x$라고 하면 로그의 정의에 따라서 $3^x=27$이고 $27=3^3$이므로 $3^x=3^3$에서 $x=3$이고, 따라서 $\log_3 27=3$이군요."

"정말 잘하십니다. 한 문제 더 내 보겠습니다. $\log_4 \frac{1}{16}$은 얼마이겠습니까?"

"$\log_4 \frac{1}{16}=x$라고 하면 로그의 정의에 의하여 $4^x=\frac{1}{16}$이고, $\frac{1}{16}=\frac{1}{4^2}=4^{-2}$이므로 $4^x=4^{-2}$에서 $x=-2$이니 $\log_4 \frac{1}{16}=-2$입니다."

"맞았습니다. 이제 아까 말씀드렸던 지수의 성질과 로그의 관계에 대하여 설명드리지요. $a^m=M$, $a^n=N$이라고 하면 로그의 정의에 의하여 $\log_a M=m$, $\log_a N=n$입니다. 한편 $MN=a^m a^n=a^{m+n}$이므로 $\log_a MN=m+n=\log_a M+\log_a N$이 성립합니다. 이것은 어려운 지수의 곱셈을 아주 쉬운 덧셈으로 바꾸는 비법이지요."

"아니! 정말 신기합니다."

"또 있습니다. 이번에는 $\frac{M}{N}=\frac{a^m}{a^n}=a^{m-n}$이므로 $\log_a \frac{M}{N}=m-n=\log_a M-\log_a N$이 됩니다. 즉, 어려운 지수의 나눗셈이 아주 쉬운 뺄셈으로 바뀌었습니다. 이것이 지수와 로그의 관계이고, 로그를 사용하는 이유입니다."

"그런데 이런 로그가 어떻게 감각의 크기를 나타내는 데 사용되는지요?"

"저는 그것까지는 잘 모르겠습니다. 그것은 통제사께 여쭤 봐야 할 것 같습니다."

지금까지 누워서 듣고 있던 나는 빙긋이 웃으며 두 사람에게 질문을 하나 던졌다.

"조용한 밤에는 아주 작은 소리도 귀에 또렷이 들리지요. 그런데 시끄러운 전쟁터에서는 크게 소리를 질러야 겨우 옆 사람과 대화를 할 수 있소. 즉, 작은 소리는 그 크기가 조금만 변해도 그 변화를 쉽게 알 수 있지만 큰 소리는 많이 변해도 잘 느낄 수가 없소."

나의 설명을 듣던 도훈도가 무릎을 치며 말했다.

"그렇습니다. 통제사의 말씀을 듣고 보니 생각이 납니다. 외부 자극의 세기를 I, 사람이 느끼는 감각의 세기를 S라고 할 때 적당한 상수 k에 대하여 $S=k\log I$로 나타낼 수 있다고 본 것 같습니다."

"역시 도훈도는 뛰어난 수학자로군. 이것을 그림으로 그리면 이렇게 되지요."

나는 사람이 느끼는 감각의 크기에 대한 다음과 같은 그래프를 그려서 두 사람에게 보여 줬다.

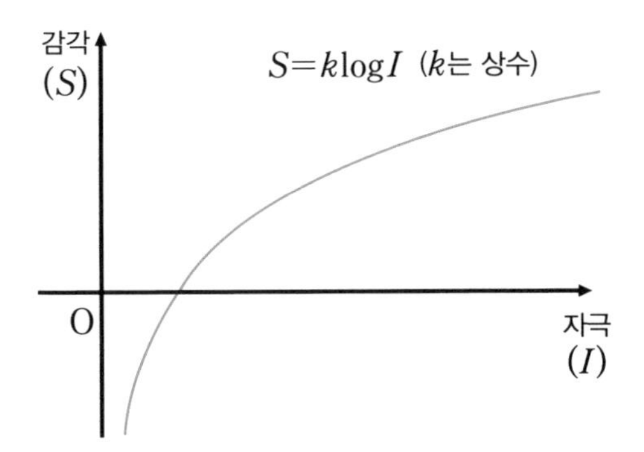

"그림과 같이 자극의 세기가 커지는 비율에 비해 감각의 세기는 완만하게 상승하지요. 소리가 작을 때에는 그래프의 기울기가 급격하므로 자극이 조금만 변해도 감각의 변화가 커서 민감하게 느낄 수 있소. 하지만 소리가 클 때에는 그래프의 기울기가 완만하므로 웬만큼 자극이 변해도 그 차이를 잘 느낄 수 없지요."

"그렇다면 통제사께서 느끼고 계시는 고통은 아주 크기 때문에 조금 더 아픈 것은 별로 차이가 없다는 말씀이시군요."

나는 다시 빙그레 웃었지만 아픔은 쉽게 가라앉지 않고 있었다.

12일 새벽에 아들 울이 돌아왔는데 어머니의 병환이 조금 덜하다고 했다. 그러나 연세가 많은데 이런 위험한 병에 걸리셨으니 염려가 된다. 어머니 걱정에 또 눈물이 났다. 그나마 내 몸의 통증이 사라지고 병이 조금 나은 듯해 다행이었다.

14일에 사도참사가 활을 쏘자고 청하여 전라우수사 이억기와 여러 장수들이 다 모였다. 저녁나절에 활 12순을 쏘았다. 그때 금오랑이 경상우수사 배설을 잡아오라는 명을 받고 왔다. 또 순천부사 권준을 경상우수사로 임명한다는 조정의 공문도 가지고 왔다.

19일에 홀로 앉아 있는데 아들 면이 윤덕종의 아들 윤운로와 같이 어머니의 편지를 들고 왔다. 편지를 보니 어머니의 병환이 완쾌되셨다고 한다. 천만다행이다. 신홍헌 등이 들어와서 보리 76섬을 바쳤다.

19

병신년(1596년) 3월

통계 자료를 크기 순서로 정리하는 줄기와 잎 그림

이달 1일 새벽에 망궐례(각 지방의 관원이 중국 황제를 상징하는 패를 향해 절하던 의식)를 행했다. 아침에 경상수사가 와서 이야기하고 돌아갔다. 저녁나절에 해남현감 유형, 임치첨사 홍견, 목포만호 방수경을 기일을 어긴 죄로 처벌했다. 유형은 새로 부임해 왔으므로 곤장을 치지는 않았다. 3일은 삼짇날이라 방답첨사, 여도만호, 녹도만호, 남도포만호 등을 불러 술과 떡을 먹였다.

지금까지 우리 수군은 견내량을 잘 방어하여 왜적이 전라도로 침입하는 것을 막고 있었다. 5일 새벽 3시에 자리도를 출발하여 해가 뜰 무렵에 견내량의 수사가 복병한 곳에 이르렀는데 마침 아침을 먹을 때였다. 밥을 먹고 나니 비가 많이 쏟아졌다. 이날 비를 맞아서인지 6일에는 아침부터 몸이 많이 불편했다. 이날 하동현감 신진, 고성현령 조응도, 함평현감 손경지, 해남현감 유형, 남도포만호 강응표, 강진현감 이극신, 남해현감 박대남, 다경포만호 윤승남 등이 다녀갔다.

이달 들어 비가 자주 왔다. 15일 새벽에 날씨가 맑기에 새벽에 망궐례를 행했고, 경상수사가 와서 여러 가지 일을 의논하고 돌아갔다. 그런데 밤부터 몸이 불편하더니 밤새도록 식은땀을 흘렸다. 16일에 다시 비가 퍼붓듯이 내리며 온종일 그치지 않았다. 오전 8시쯤에 바람이 심하게 불어 지붕이 뒤집힌 곳이 많았고, 문과 창이 깨지고 창호지도 찢어졌다. 비가 계속 방 안으로 들이치는 바람에 괴로워 견딜 수가 없었다. 정오가 돼서야 바람이 잠잠해졌다. 17일에도 종일 비가 내렸다. 저녁에 나주판관이 왔기에 같이 술을 한잔했다. 이날도 식은땀이 등까지 흘러 두 겹 옷이 흠뻑 젖었다.

18일은 날씨가 맑았다. 방답첨사, 금갑도만호, 회령포만호, 옥포만호가 왔는데, 마침 몸이 좋아져서 이들과 활쏘기 시합을 했다. 공정한 시합을 위하여 우리가 명중시킨 화살의 수를 옥포만호가 적었다. 나는 몸이 편치 않아서 2번만 쏘았다.

27	62	54	68	72	88	90	18	22	13	43
50	52	76	82	49	51	14	38	72	48	60

옥포만호가 적은 표에는 90개를 명중시킨 장수부터 13개만 명중시킨 장수까지 다양했다. 이처럼 시합에 참가한 장수들이 명중시킨 화살의 개수가 들쭉날쭉한 것은 바람이 심하게 불었기 때문이었다. 나는 옥

포만호가 작성한 표를 보고 물었다.

"이 자료에서 10번째로 큰 값은 얼마인가?"

그러자 방답첨사가 말했다.

"주어진 자료를 큰 수부터 차례로 나열하면 10번째에 해당하는 값은 54입니다."

"그럼 20개 이상 29개 이하로 맞힌 것은 모두 몇 번인가?"

"27, 22로 모두 2번입니다."

방답첨사가 답을 하자 나는 도훈도를 불러 명했다.

"옥포만호가 적은 기록 중 명중시킨 화살의 수를 10개씩으로 분류하여 표로 만들어 보게."

10단위	명중시킨 화살의 수
10	18, 13, 14
20	27, 22
30	38
40	43, 49, 48
50	54, 50, 52, 51
60	62, 68, 60
70	72, 76, 72
80	88, 82
90	90

그러자 도훈도는 내가 시킨 대로 표를 만들었다. 그래서 나는 다시 도훈도에게 말했다.

"이번에는 세로선을 그어 세로선의 왼쪽에 십의 자리 숫자인 1, 2, 3, …, 9를 쓰고 오른쪽에는 일의 자리 숫자를 크기가 작은 순서대로 쓰게."

도훈도는 나의 말대로 새로운 표를 완성했다. 그래서 나는 장수들에게 이 표를 보여 주며 말했다.

줄기	잎
1	3 4 8
2	2 7
3	8
4	3 8 9
5	0 1 2 4
6	0 2 8
7	2 2 6
8	2 8
9	0

"도훈도가 그린 두 개의 표에서 뒤의 표를 보시오. 이 표에서 왼쪽에 있는 십의 자리 숫자를 줄기, 오른쪽에 있는 일의 자리 숫자를 잎이라고 하오. 이와 같이 줄기와 잎을 이용하여 자료를 나타낸 그림을 '줄기와 잎 그림'이라고 하지요."

내가 설명하자 도훈도가 설명을 덧붙였다.

"줄기와 잎 그림은 자료의 값에서 큰 단위를 줄기로, 작은 단위를 잎으로 합니다."

"여러 장수들에게 줄기와 잎 그림을 그리는 순서를 설명해 주게."

"예. 줄기와 잎 그림을 그리는 순서는 이렇게 정리할 수 있습니다."

① 줄기와 잎을 정한다.

② 세로선을 긋고, 세로선의 왼쪽에 줄기(ㅁ)의 숫자를 세로로 쓴다.

③ 세로선의 오른쪽에 잎(△)의 숫자를 크기가 작은 순서대로 쓴다.

④ ㅁ|△를 설명한다.

⑤ 줄기와 잎 그림에 알맞은 제목을 붙인다.

도훈도가 줄기와 잎 그림을 그리는 순서를 설명하자 내가 말했다.

"줄기와 잎 그림을 그리기 위해서는 먼저 가장 큰 값과 가장 작은 값을 찾아서 줄기를 결정해야 하오. 이때 줄기의 수에 따라 자료의 특성이 잘 나타날 수 있고, 그렇지 않을 수도 있소. 또한 줄기와 잎 그림이 나타내는 내용이 무엇인지 이해를 돕기 위하여 '4|3은 43회'와 같이 예를 들어 설명하는 것이 좋소이다."

그러자 금갑도만호가 물었다.

"이제 줄기와 잎 그림을 그리는 방법은 알겠습니다. 그런데 줄기와 잎 그림은 왜 그리는 것입니까?"

"줄기와 잎 그림은 많은 자료를 보기 쉽게 정리하는 통계의 한 가지 도구지요. 자료의 값을 크기순으로 나열하기 때문에 어떤 특정한 위치에 있는 값을 쉽게 찾을 수 있는 장점이 있소. 또 이 그림으로부터 언제든지 원래 자료를 얻을 수 있소."

나는 장수들이 모두 이해했는지 확인하기 위하여 표를 하나 제시하며 문제를 냈다.

74	76	82	84	72	80	69	68	73
72	68	73	79	67	69	83	67	82

"위의 표는 병사들의 1분당 맥박수를 조사하여 나타낸 것이오. 1분당 맥박수가 가장 적은 병사와 가장 많은 병사의 횟수는 몇 번이오?"

그러자 방답첨사가 말했다.

"맥박수가 가장 적은 병사의 횟수는 67회, 가장 많은 병사의 횟수는 84회입니다."

"그럼 무엇을 줄기와 잎으로 나타내면 좋을지 말해 보시오."

"줄기는 1분당 맥박수의 십의 자리 숫자로, 잎은 1분당 맥박수의 일의 자리 숫자로 나타내면 될 것 같습니다."

"그렇다면 방답첨사의 말대로 줄기와 잎 그림을 그려 보시오."

내가 말하자 활쏘기에 참여했던 모든 장수들은 다음과 같은 줄기와 잎 그림을 그렸다.

줄기	잎
6	7 7 8 8 9 9
7	2 2 3 3 4 6 9
8	0 2 2 3 4

"하하하. 모두 줄기와 잎 그림을 이해한 것 같소이다. 이와 같은 통계는 많은 곳에 활용할 수 있소. 그러니 여러 장수들은 왜적을 물리칠 때 적절하게 사용하기 바라오."

나는 몸이 불편하여 장수들과 헤어져서 거처로 먼저 내려왔다. 20일에도 몸은 나아지질 않았다. 21일 초저녁에는 구토를 한 시간이나 했는데 자정이 돼서야 조금 가라앉았다. 몸이 불편한 채로 하루하루를 보내다가 26일이 돼서야 약간 차도가 있었다. 그래서 27일 저녁나절에 활을 쏘았다. 우후, 방답첨사, 충청우후, 마량첨사, 임치첨사, 결성현감, 파지도권관이 함께 왔다. 그들에게 술을 먹여 보냈다. 저녁에 아우 여필이 왔는데 다행히도 어머니께서 편안하시다고 했다. 그 말을 들으니 매우 기뻤다. 28일과 29일에는 궂은비가 매우 세차게 내려 배를 움직이지 못하고 진중에 머물러 있었다.

20

병신년 8월

바람의 세기와 방향을 나타내는 위치벡터

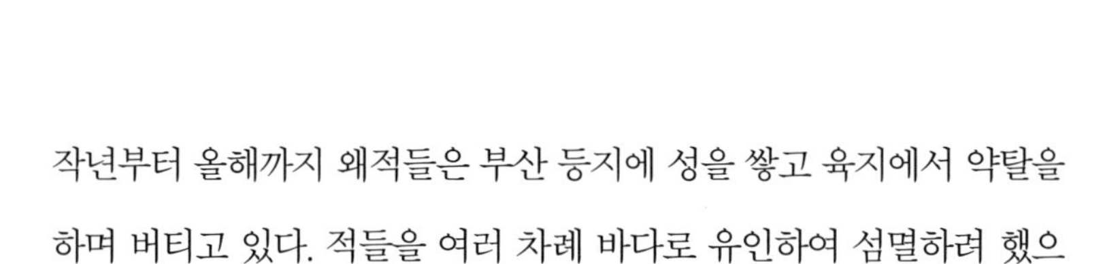

작년부터 올해까지 왜적들은 부산 등지에 성을 쌓고 육지에서 약탈을 하며 버티고 있다. 적들을 여러 차례 바다로 유인하여 섬멸하려 했으나 우리 수군을 무서워하여 감히 대적하려 하지 않으므로 지루하게 대치하고 있었다.

이달 10일 아침에 충청우후가 문병을 왔다가 그대로 조방장과 함께 아침 식사를 했다. 나는 몸이 몹시 불편하여 한참 동안이나 베개를 베고 누워 있었다. 저녁나절에 두 조방장과 충청우후를 불러다가 상화떡을 같이 맛보았다. 날이 어두워졌으나 달빛은 비단 같고 나그네 회포는 만 갈래여서 잠을 이루지 못했다.

12일은 샛바람이 세게 불어 동쪽으로 가는 배는 도저히 움직일 수가 없었다. 13일에도 샛바람이 세게 불었고, 14일에도 불었다. 이렇게 샛바람이 계속 불어서 벼가 상했다고 한다. 15일 새벽에 비가 왔다. 저녁에는 우수사, 경상수사, 조방장, 충청우후, 경상우후, 가리포첨사, 평산포만호 등 19명의 장수들이 모여 이야기했다. 그리고 16일에 샛바람이 멈추고 마파람이 불었다. 한동안 충청병마절도사로 나갔던 원균이 다시 경상우수사로 제수받고 왔기에 내가 말했다.

"샛바람이 불다가 마파람이 불고 있으니 이렇게 불다가는 벼가 상하여 큰일 나겠소이다."

"샛바람은 뭐고 마파람은 또 무엇입니까?"

"아직 바람의 이름도 모르고 있단 말씀이오? 바람은 불어오는 방향에 따라 이름이 다르지요. 내가 좌표평면 위에 바람의 방향을 나타내어 설명해 드리리다."

나는 종이 위에 좌표평면을 그리고 바람의 방향에 따라 바람의 이름을 써 넣었다.

"바람이 부는 방향으로 동쪽에서 부는 바람인 동풍을 샛바람, 남풍을 마파람, 서풍을 하늬바람, 북풍을 된바람이라고 하오. 나머지 이름도 적어 놓았소. 그런데 그림에서 보듯이 바람은 수학적으로 벡터지요."

사실 바람은 바람의 방향인 풍향과 바람의 크기인 풍속이 있기 때문에 벡터로 나타낼 수 있다.

"벡터라면 지난번에 통제사께서 한 번 설명해 주신 적이 있지 않으십니까? 저도 그 이야기는 들었습니다."

"그랬군요. 그러나 벡터에는 많은 성질들이 있소이다. 그리고 바람을 벡터로 나타내려면 벡터의 합과 크기를 수치로 구하는 방법을 알아

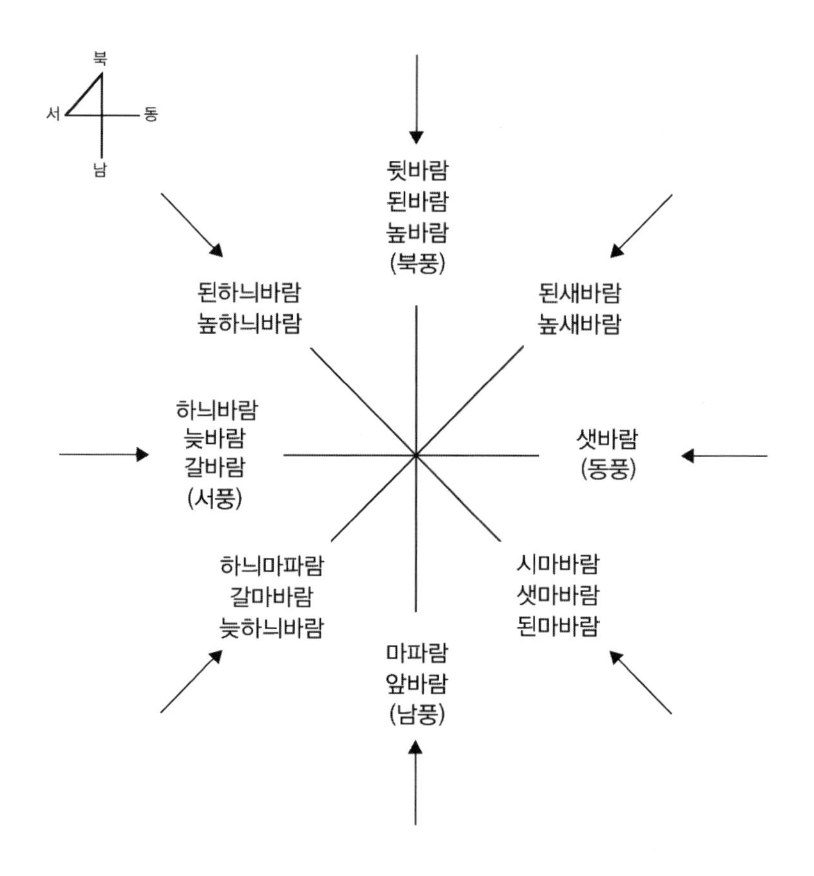

야 하오. 또 바람은 우리가 살고 있는 공간에서 공기가 움직이는 것이므로 공간벡터에 대하여도 알아야 하오."

"평면벡터와 공간벡터도 지난번에 설명하신 것으로 알고 있습니다."

"맞소이다. 그때는 그저 벡터의 기본적인 성질을 설명했지요. 그런데 크기와 방향이 각각 같은 벡터는 시점에 관계없이 모두 같은 벡터이므로 시점을 일치시키면 벡터를 이해하고 다루기 쉽지요. 시점을 일치시키는 데 가장 편리한 것은 원점 O가 있는 좌표평면이나 좌표공간입니다."

"그러니까 통제사의 말씀은 좌표평면 또는 좌표공간에 있는 벡터의 시점을 원점 O에 고정하면 임의의 벡터 $\mathbf{a}$에 대하여 $\mathbf{a}=\overrightarrow{\mathrm{OA}}$가 되는 점 A의 위치가 정해진다는 것이군요."

"역으로 임의의 점 A에 대하여 $\overrightarrow{\mathrm{OA}}=\mathbf{a}$가 되는 벡터 $\mathbf{a}$는 단 하나로 정해집니다. 이와 같이 일정한 점 O를 시점으로 하는 벡터 $\overrightarrow{\mathrm{OA}}$를 원점 O에 대한 점 A의 위치벡터라고 부르지요. 벡터의 시점을 원점 O에 고정하면 벡터 $\overrightarrow{\mathrm{OA}}$와 점 A는 일대일로 대응합니다. 따라서 평면 또는 공간의 각 점은 모두 원점 O에 대한 위치벡터로 나타낼 수 있소."

나는 종이 위에 그림을 그려 가며 벡터를 좌표평면에 위치벡터로 나타내는 방법을 설명했다. 좌표평면과 좌표공간의 벡터를 알기 위하여 좌표평면의 경우를 먼저 생각하자. 사실 좌표공간의 벡터는 좌표평면의 벡터를 확장한 것이다. 따라서 좌표평면의 벡터를 잘 이해하면 좌표공간의 벡터는 아주 쉽게 이해할 수 있다.

좌표평면 위에서 두 점 $E_1(1, 0)$, $E_2(0, 1)$의 원점에 대한 위치벡터

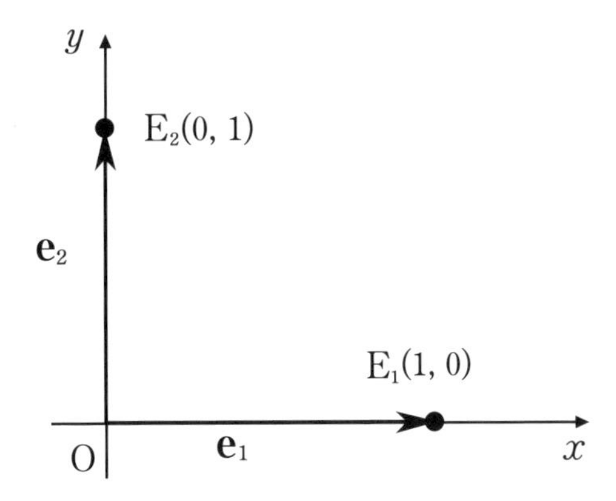

$\overrightarrow{OE_1}$, $\overrightarrow{OE_2}$를 각각 $\mathbf{e}_1$, $\mathbf{e}_2$라 하며, 두 벡터 $\mathbf{e}_1$, $\mathbf{e}_2$의 크기는 모두 1이므로 $\mathbf{e}_1$, $\mathbf{e}_2$는 단위벡터다. 그리고 경우에 따라서는 $\mathbf{e}_1=\mathbf{i}$, $\mathbf{e}_2=\mathbf{j}$로 나타내기도 한다. 임의의 벡터 $\mathbf{a}$에 대하여 $\mathbf{a}=\overrightarrow{OA}$가 되는 점 A의 좌표를 (a_1, a_2)라고 하면 다음이 성립한다.

$$\mathbf{a}=a_1\mathbf{e}_1+a_2\mathbf{e}_2$$

이때 실수 a_1, a_2를 벡터 $\mathbf{a}$의 성분이라 하고 a_1을 x성분, a_2을 y성분이라고 한다. 또 벡터 $\mathbf{a}$의 성분을 이용하여 $\mathbf{a}=(a_1, a_2)$와 같이 나타낸다. 예를 들어 좌표평면 위의 점 P(3, 4)에 대하여 위치벡터 $\overrightarrow{OP}$는 다음과 같이 나타낼 수 있다.

$$\overrightarrow{OP}=3\mathbf{e}_1+4\mathbf{e}_2=(3, 4)$$

좌표평면에서 두 점 사이의 거리를 구할 때 피타고라스 정리를 이용한다. 시점이 원점 O이고 종점이 $A(a_1, a_2)$인 벡터의 크기도 피타고라스 정리를 이용하여 구할 수 있다. 즉, $\mathbf{a}=(a_1, a_2)$일 때 원점 O와 점 $A(a_1, a_2)$에 대하여 $\mathbf{a}=\overrightarrow{OA}$이므로 벡터 $\mathbf{a}$의 크기는 선분 OA의 길이와 같다.

$$|\mathbf{a}|=\overline{OA}=\sqrt{a_1^2+a_2^2}$$

그런데 시점이 원점이 아닌 벡터의 크기도 피타고라스 정리를 이용하여 구할 수 있다. 다음 그림과 같이 좌표평면 위의 벡터 **v**는 시점과 종점이 각각 $P(p_1, p_2)$, $Q(q_1, q_2)$인 벡터라고 하자. 그러면 그림에서 알 수 있듯이 벡터 **v**의 크기는 직각삼각형 PRQ의 빗변의 길이와 같다. 따라서 직각삼각형에 대한 피타고라스 정리를 이용하면 이 벡터의 크기를 구할 수 있다. 그런데 선분 PR의 길이는 q_1-p_1이고, 선분 QR의 길이는 q_2-p_2이다. 따라서 벡터 **v**는 $\mathbf{v}=(q_1-p_1, q_2-p_2)$이고, 선분 PQ의 길이는 다음과 같다.

$$|\mathbf{v}|=|\overrightarrow{PQ}|=\overline{PQ}=\sqrt{(q_1-p_1)^2+(q_2-p_2)^2}$$

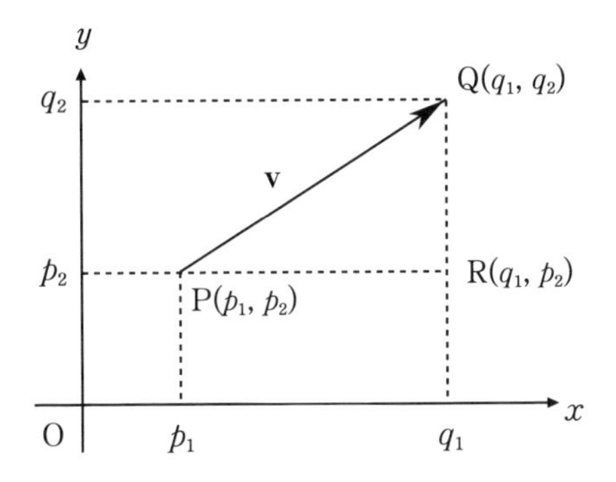

벡터를 좌표평면 위에서 생각하면 편리한 점 중 하나는 두 벡터의 덧셈, 뺄셈, 스칼라 배를 쉽게 얻을 수 있다는 것이다. 좌표평면 위의 두 점 $A(a_1, a_2)$, $B(b_1, b_2)$에 대하여 두 점의 위치벡터를 각각 **a**, **b**라고 하면 $\mathbf{a}=(a_1, a_2)$, $\mathbf{b}=(b_1, b_2)$이므로 두 벡터의 합, 차, 스칼라 배는 각각 다음과 같이 대응되는 성분끼리 연산을 하면 된다.

(1) 두 벡터의 합 : $\mathbf{a}+\mathbf{b}=(a_1, a_2)+(b_1, b_2)=(a_1+b_1, a_2+b_2)$

(2) 두 벡터의 차 : $\mathbf{a}-\mathbf{b}=(a_1, a_2)-(b_1, b_2)=(a_1-b_1, a_2-b_2)$

(3) 스칼라 배 : 임의의 실수 k에 대하여 $k\mathbf{a}=(ka_1, ka_2)$

나의 설명을 듣던 원균이 말했다.

"그럼 바람을 벡터로 나타낼 때도 화살표를 사용하겠군요."

"아니오. 바람은 특별한 기호를 사용하여 나타냅니다. 제가 그려 드리지요."

4 풍속 (32m/s) 북동풍	2m/s	5m/s	7m/s	12m/s	25m/s	30m/s

나는 원균에게 바람을 나타내는 기호를 몇 개 그려서 보여 줬다. 물론 이 기호들도 기본적으로 벡터를 표시한 것이지만 화살표를 사용하지 않는다는 점이 달랐다. 그리고 벡터의 크기인 바람의 세기, 즉 풍속은 화살표의 길이로 나타내는 것이 아니라 꼬리에 바람의 세기를 나타내는 표시를 한다.

"그렇군요. 그런데 오늘같이 바람이 세게 불 때 그 위험성을 알리는 방법이 있습니까?"

"있지요. 그것은 바람이 얼마만큼 세게 부는가에 따라 만든 풍력계급이오. 처음에는 해상의 풍랑 상태로부터 분류됐으나, 후에 육상에서도 사용할 수 있도록 만들어졌지요. 현재 풍력계급은 모두 12계급으로 나누어져 있지요. 1계급은 바람이 거의 없는 고요한 상태요, 12계급은 바람이 가장 세게 부는 계급이지요."

17일 경상수사, 충청우후, 거제현령이 다녀갔다. 며칠 동안 바람이 심하게 불다가 잠시 주춤했지만 20일에 다시 샛바람이 심하게 불었다. 새벽에 전선을 만들 재목을 끌어내리는 일로 우도 군사 300명, 경상도 군사 100명, 충청도 군사 300명, 전라도 군사 390명을 송희립이 거느리고 갔다. 이날 늦은 저녁에 조카 봉·해·완, 아들 회·면이 들어왔다. 21일부터는 바람도 잦아들고 날씨도 좋았다. 특히 이달 28일에 체찰사를 만나 여러 가지 의논하고 진주목사의 처소로 가서 밤늦도록 이야기하다 헤어졌다. 29일 아침 일찍 사천에 이르러 아침밥을 먹은 뒤에 그대로 가서 선소리에 이르렀다. 고성현령 조응도와 삼천포권관 이곤변이 왔기에 이들과 밤새도록 이야기하다가 구라량에서 잤다.

21

정유년(1597년) 5월

아군과 적군의 위치를 파악하는 지도 색칠하기

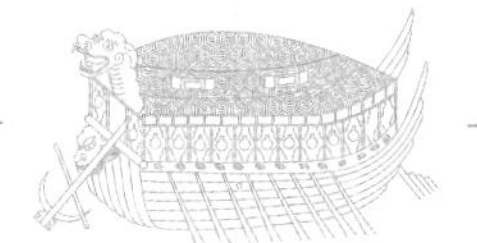

올해 원균의 무고(사실이 아닌 일을 거짓으로 꾸며 해당 기관에 고소하거나 고발하는 일)로 투옥됐다가 4월 초하루에 옥문을 나왔다. 그사이 어머니께서 돌아가셨지만 죄인의 몸이었기에 상을 치르지도 못했다. 오히려 백의종군(벼슬 없이 군대를 따라 싸움터로 감)하라는 임금의 명을 받아 남쪽으로 길을 재촉했다. 4월 27일 순천 송원에 이르니 이득종과 정선이 와서 기다렸다. 저녁에 장원명의 집에 이르니 권율 원수는 내가 온 것을 알고 군관 권승경을 보내어 조문하고 또 안부를 물었는데, 그 위로하는 말이 못내 간곡했다. 저녁에 순천부사가 와서 통제사 원균의 괴상망측한 행동과 명령으로 군영이 많이 혼란한 상황이라고 말했다.

이달 2일 권율은 보성으로 가고, 병마사 이복남은 본영으로 갔다. 순찰사 박홍로는 담양으로 가는 길에 와서 보고 갔다. 분천부사 우치적이 왔었고, 진홍국이 좌수영에서 와서 눈물을 뚝뚝 흘리면서 원균의 일을 말했다. 이날 남원의 종 끝돌이가 아산에서 와서 어머니 영연이 평안하다고 했다. 홀로 빈 동헌(공사를 처리하던 중심 건물)에 앉아 있으니 비통함을 참을 수가 없었다!

5일 아침에 부사가 와서 봤다. 저녁나절에 충청우후 원유남이 와서 한산도에서 원균이 못된 짓을 많이 하고 있고 또 진중의 장병들이 군무 이탈하여 반역질을 한다고 전했다. 상황이 이러니 장차 일이 어찌될지 헤아리지 못하겠다고 한다. 오늘은 단오절인데 땅의 끝 모퉁이에서 종군하느라 어머니 영연을 멀리 떠나 장례도 못 지내니, 무슨 죄로 이런 대접을 받는지 모르겠다. 가슴이 갈가리 찢어지는 것 같았다.

20일 나는 구례에 있었다. 이날 체찰사 이원익이 만나기를 청하여 어두울 무렵 그를 만났다. 나는 그와 여러 가지 나랏일에 대하여 의논하고 걱정했다. 23일 저녁나절에 흥양현감 배흥립이 한산도로 돌아갈 무렵 이원익이 사람을 보내어 부르므로 가서 뵙고 조용히 의논했다. 이원익은 시국의 그릇된 일에 대하여 많이 분개했고 다만 죽을 날만 기다린다고 했다. 나는 내일 초계로 간다고 했더니 이원익이 쌀 두 섬을 보내 주기에 이를 내가 머물고 있는 집으로 보냈다.

24일 아침에 광양의 고언선이 와서 봤다. 한산도의 일을 자세히 전했다. 체찰사가 군관 이지각을 보내어 안부를 묻고, "경상우도의 연해안 지도가 필요하나 구할 도리가 없으니 본대로 지도를 그려 보내 주면 고맙겠다."고 했다. 그래서 나는 지도를 그리기 시작했다. 대강의 지도가 완성되자 나는 우리 군영과 왜적의 군영을 표시하기 위하여 이지각에게 4가지 서로 다른 색의 물감을 가져오라고 했다. 그러자 이지각이 물었다.

"물감은 어디에 쓰시려고 합니까?"

"우리 군영과 왜적의 군영을 쉽게 구분하기 위하여 색을 칠하려고 하오. 또 아무리 우리 군영이지만 군영마다 서로 다른 장수가 맡고 있으므로 이들도 모두 표시하려고 하오."

"그럼 우리 군영과 왜적의 군영만 다른 색으로 칠하면 되므로 두 가지 색이면 되겠군요."

"그렇지 않소. 우리 군영도 맡은 장수가 다르면 아무리 옆에 붙어 있더라도 서로 구별되도록 다른 색으로 칠하고, 왜군의 경우도 그리하려고 하오. 그러니 4가지 서로 다른 색을 가져오시오."

"예, 알겠습니다. 그런데 우리 군영과 왜적의 군영은 각자 많기도 하고, 서로 붙어 있는 곳도 있습니다. 어찌 그 모든 것을 색칠하는 데 4가지 색만을 원하시는지요?"

"이렇게 지도를 4가지 색으로 칠하는 문제를 '4색 문제'라고 하는데, 4색 문제는 그래프이론으로 조금 더 엄밀하게 정의할 수 있소."

"그래프는 또 무엇입니까?"

이지각의 물음에 나는 다음과 같은 그림을 그려 보여 줬다.

"다음 그림에서 G_1, G_2, G_3는 각각 4개의 꼭짓점 1, 2, 3, 4와 점과 점을 잇는 변으로 이루어져 있소. 이를테면 꼭짓점 1은 꼭짓점 2, 3, 4와 각각 연결되어 있고, 꼭짓점 2는 꼭짓점 1, 3, 4와 각각 연결되어 있지요. 이와 같이 몇 개의 점과 그 점들을 잇는 변으로 이루어진 도형을

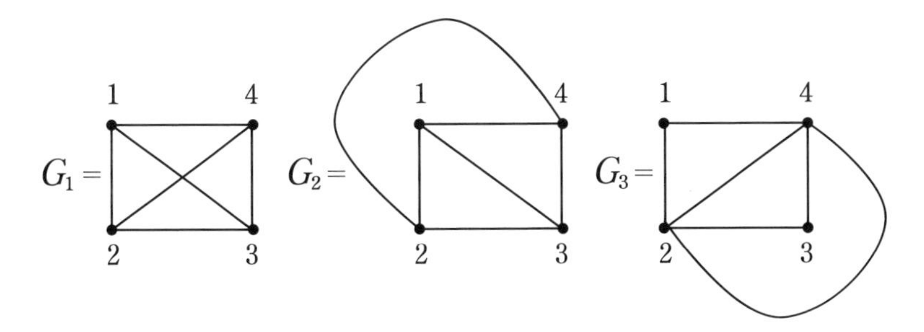

그래프라고 하지요."

"예전에 알려 주신 이차함수의 그래프와는 다르군요."

"그렇소. 완전히 다르지요."

나는 이지각에게 그래프에 대하여 대강 다음과 같이 설명해 줬다.

그래프는 도형으로 정의되지만 도형의 성질보다는 그래프를 이루는 점과, 점들 사이의 관계 유무를 나타내는 연관성을 주안점으로 한다. 그런 의미에서 그래프 G는 형식적으로 꼭짓점이라고 불리는 공집합이 아닌 유한집합 V와 변이라고 불리는 원소들을 가지는 집합 E의 쌍 $G=(V, E)$로 정의한다. 이를테면 위의 그림에서 G_1, G_2, G_3는 각각 꼭짓점 $V=\{1, 2, 3, 4\}$이고 변 $E=\{(1, 2), (1, 3), (1, 4), (2, 3), (2, 4), (3, 4)\}$로 되어 있다. 이때 꼭짓점 2와 4를 잇는 선분은 꼭짓점 4와 2를 잇기 때문에 $(2, 4)=(4, 2)$다. 그리고 위의 세 그래프는 꼭짓점의 집합과 변의 집합이 같기 때문에 모두 동일한 그래프이다. 즉, $G_1=G_2=G_3$이다.

여기까지 설명한 나는 이지각에게 물었다.

"다음의 그림과 같이 4개의 나라 사이의 경계를 나타낸 지도가 있다고 합시다. 인접한 나라끼리는 서로 다른 색을 사용하여 채색한다고 할 때, 최소한 몇 가지 색이 필요할까요?"

나의 질문에 이지각은 대답을 하지 못하고 있었다. 그래서 내가 말했다.

"이 지도는 나라를 꼭짓점으로 보고 나라끼리의 인접성을 꼭짓점끼리의 인접성으로 보면 다음 그림과 같이 그래프로 나타낼 수 있지요. 즉 나라 1은 나라 2, 나라 3과 인접해 있지만 나라 4와는 인접해 있지 않으므로 그래프로 나타내면 변 (1, 2), (1, 3)은 있지만 변 (1, 4)는 없지요. 따라서 지도의 채색 문제는 이 그래프의 꼭짓점을 색칠하는 문제로 바뀌지요."

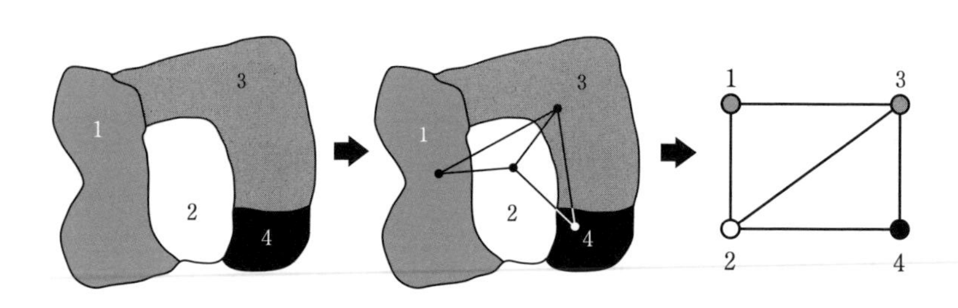

나는 이지각이 준비해 준 4가지 색 물감을 이용하여 꼭짓점에 각각 다른 색을 칠한 그래프를 그려 가며 설명했다. 내가 설명한 대강의 내용은 이랬다.

이 그래프에서 꼭짓점 1과 꼭짓점 4는 서로 연결하는 변이 없으므로 같은 색을 칠해도 된다. 하지만 꼭짓점 1과 꼭짓점 2, 3은 서로 인접해 있으므로 다른 색을 칠해야 한다. 꼭짓점 2도 꼭짓점 3, 4와 인접해 있으므로 서로 다른 색으로 칠해야 한다. 이와 같은 경우를 모두 생

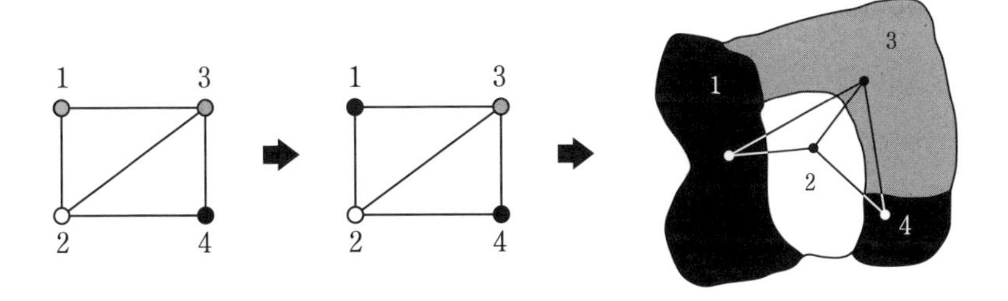

각하면 위 그림과 같이 파란색, 검은색, 회색, 흰색의 4가지 색이면 이 꼭짓점을 채색할 수 있다. 그런데 이 지도의 경우 변(1, 4)가 없어서 3가지 색이면 인접한 나라를 서로 다른 색으로 칠할 수 있다.

지금부터 주어진 그래프의 꼭짓점을 채색한다는 것은 인접한 꼭짓점끼리는 서로 다른 색으로 칠한다는 것이라 하자. 그리고 그래프 G의 꼭짓점을 k개의 색으로 채색할 수 있을 때, G는 $k-$채색 가능이라고 하자. 이를테면 위의 그래프는 $3-$채색 가능이다. 그러면 채색 문제는 '임의의 평면 그래프가 $k-$채색 가능이기 위한 최소의 k값은 얼마인가?'라는 문제로 바뀐다.

채색 문제는 그래프가 꼭짓점이 많다고 해서 채색수가 많아지는 것도 아니고, 꼭짓점이 적다고 해서 적은 수로 채색할 수 있는 것도 아니다. 예를 들어 다음 그림의 왼쪽 그래프는 꼭짓점이 4개지만 $4-$채색 가능이고, 오른쪽 그래프는 꼭짓점이 8개지만 $2-$채색 가능이다. 왼쪽 그래프의 각 꼭짓점은 다른 꼭짓점과 모두 연결되어 있기 때문에 각 꼭짓점을 각각 다른 색으로 칠해야 한다. 하지만 오른쪽 그래프는 모든 꼭짓점이 서로 인접해 있지 않기 때문에 인접한 경우에만 다른 색으로 칠하면 된다. 따라서 두 가지 색이면 충분하다.

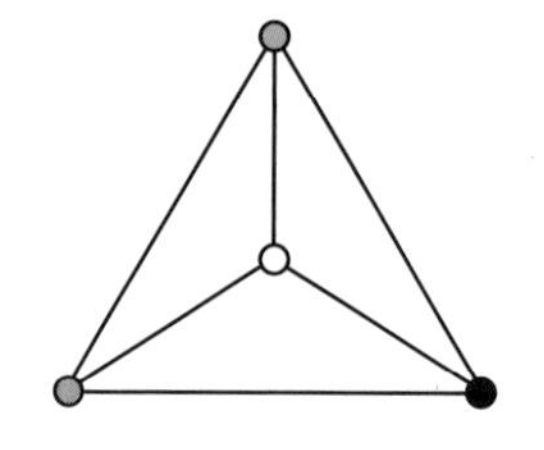
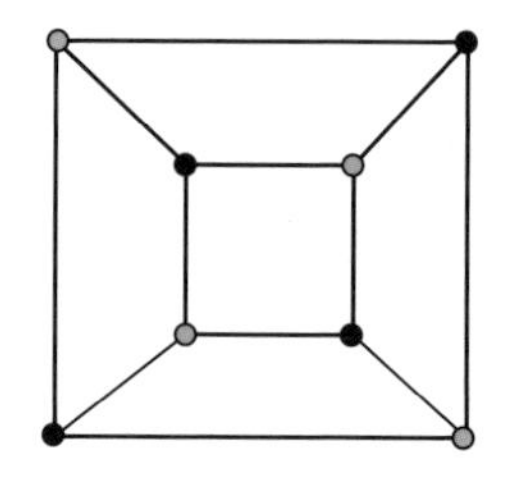

나의 설명이 끝나자 이지각이 말했다.

"통제사의 설명을 들으니 이제 아군과 왜군의 진의 위치를 4가지 색으로 나타낼 수 있다는 것을 알겠습니다. 그리고 그려 주신 지도로 적의 움직임을 쉽게 파악할 수 있을 것 같습니다."

이지각이 지도를 가지고 돌아간 뒤에 나는 다시 길을 떠날 준비를 했다. 그런데 비가 내려 하루 더 머물렀다. 다음 날인 26일에도 비는 그치지 않았다. 비를 무릅쓰고 길을 막 떠나려는데, 사량만호 변익성이 왔다. 그와 인사를 나누고 길을 재촉하여 구례의 석주관에 이르니 비가 퍼붓듯이 쏟아졌다. 엎어지고 자빠지며 간신히 하동의 악양 이정란의 집에 이르렀다. 행장이 흠뻑 다 젖었다.

28일에 하동에 이르러 현감 신진을 만나 서로 기뻐하며 성 안 별채에서 머물렀다. 그러나 29일에 몸이 너무 불편하여 그대로 머물러 몸조리를 했다.

22

정유년 8월

강강수월래와 원순열

지난 7월 16일 새벽에 통제사 원균이 이끄는 우리 수군이 대패했는데 원균과 전라우수사 이억기, 충청수사 최호 및 여러 장수 등 많은 사람들이 전사했다. 너무나 원통한 일이었다. 나는 이 소식을 듣고 곧장 권율 원수와 논의했다. 나는 권율에게 말했다.

"내가 연해안 지대로 가서 직접 보고 듣고 한 연후에 대책을 세우겠소이다."

내가 연해안을 돌아보는 동안 8월이 됐다. 8월 3일에, 7월 23일자로 내가 다시 통제사로 임명됐다는 임금의 교서를 받았다. 교서를 받은 나는 곧바로 길을 나서 초저녁에 하동에 이르렀다. 말을 쉬게 했다가 자정에 길을 떠나 두치에 이르니 날이 새려 했다. 구례의 석주관에 이르니 이원춘과 유해가 복병하여 지키다가 나를 보고 나타났다. 그들은 적을 토벌할 일이 많다고 말했다.

8월 15일 비가 오다가 늦게 개었기에 열선루에 나와 앉았다. 열선루는 보성 관아에 있는 누각이다. 선전관 박천봉이 유지(임금이 신하에게 내리던 글)를 가지고 왔다. 그것은 8월 7일에 발행한 것이었다. 곧 받았다는 문서를 작성했다.

나를 따르는 군사의 수는 약 200명 정도였다. 통제사에 복권(한 번 상실한 권세를 다시 찾음)됐지만 군사가 더 필요하여 여러 고을을 둘러보았다. 관아와 민가는 폐허가 되어 텅 비어 있었다. 그나마 남아 있는 보성 관아의 군기를 모아서 말 4마리에 싣게 했다. 이때 들이닥칠 왜군이 12만이었다. 열선루에서 술을 마시는데 어디선가 피리 소리가 들려왔다. 그래서 나는 다음의 시 한 수를 지었다.

한산섬 달 밝은 밤에 수루에 홀로 앉아

[한산도 명월야 상수루(閑山島 月明夜 上戍樓)]

큰 칼 옆에 차고 깊은 시름하는 적에

[무대도 심수시(撫大刀 探愁時)]

어디서 들려오는 피리 소리의 곡조는 남의 애를 끊나니

[하처일성강적 경첨수(何處一聲羌笛更添愁)]

이 무렵 왜군들은 섬진강을 타고 구례에서 남원으로 북상하고 있었다. 나는 왜군들의 추격을 아슬아슬하게 벗어나 이동했다. 나는 보성에서 며칠이라도 왜군들의 진입을 늦추어야 했다.

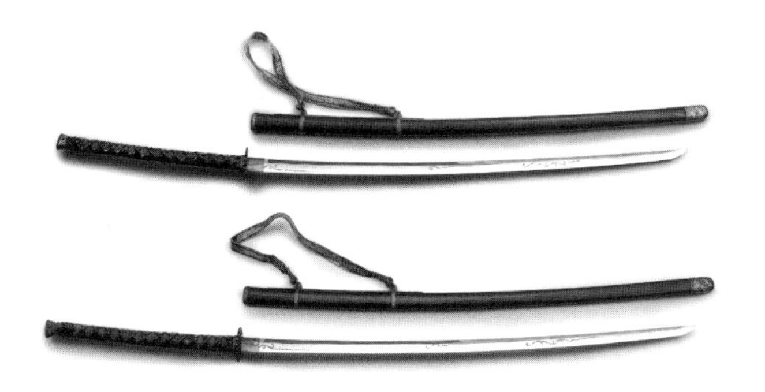

충무공 장검(長劍)은 한산도 진중(陣中)에 있을 때 제작된 것으로 현재 보물 제326호로 지정되어 있다. -문화재청 현충사관리소 제공

17일 아침에 장흥 땅 백사정에 이르러 말에게 먹이를 먹이고 강진구 고군면에 이르니 온 고을이 이미 무인지경이었다. 장흥 사람들이 많은 군량을 훔쳐서 옮겼으므로 잡아다가 곤장을 때렸다. 우수사 배설이 배를 보내 주지 않았는데 그가 약속을 어긴 것이 참으로 통탄스러웠다. 18일에 회령포로 갔는데 배설은 멀미를 핑계로 나오지 않았다.

19일에 임금의 교서를 받았다. 이 교서에는 "수군을 파하고 육전에 힘쓰라."는 내용이 있었다. 그러나 나는 즉각 장계를 올렸다.

> 임진년으로부터 5~6년 동안에 적이 감히 충청, 전라도를 바로 찌르지 못한 것은 우리 수군이 그 길목을 누르고 있었기 때문입니다. 지금 신에게는 아직도 전선 12척이 있사온데, 죽을힘을 다해 항거해 싸운다면 오히려 해볼 만합니다.

장계를 올리고 장수들을 모아 밤새 회의를 했다.

"왜적들의 수가 많으니 내일 밤에 우리 군영의 모든 부녀자를 옥매산 꼭대기로 불러 모으시오."

방답첨사가 물었다.

"무슨 좋은 계교라도 있으신지요?"

"그렇소. 부녀자들은 손에 횃불을 들고 모이도록 하시오."

"산 정상에 모이면 적들이 모두 볼 텐데요?"

"그렇소이다. 보름이면 달 밝은 밤이고, 적들도 모두 볼 수 있을 테지요."

그러자 광양현감이 말했다.

"일부러 적에게 우리 군사가 많음을 보여 허세를 떨자는 것이군요?"

"그렇소. 부녀자들이 모여 손에 손을 잡고 원을 그리며 춤과 노래를 함께하면 왜적들은 우리 군사가 많은 것으로 알고 함부로 침공하지 못할 것이오. 그리고 부녀자들이 손을 잡고 돌 때, '강한 적이 물을 건너온다.'는 뜻에서 '강강수월래(强羌水越來)'라고 노래하며 돌도록 하시오. 그럼 왜적들은 우리의 병사들이 많이 모여서 흥겹게 논다고 생각하여 사기가 꺾일 것이오."

"그러나 몇 명의 부녀자들을 동원한다고 해서 왜적들이 쉽게 속을까요?"

"그러니 원순열을 이용하여 부녀자들의 배열을 계속 바꾸면 되지요. 그러면 더욱 많아 보일 것이오."

내가 말하자 흥양현감이 물었다.

"원순열이라고요?"

"그렇소. 원순열을 이용하면 다양한 방법으로 부녀자들을 배열할 수 있고, 그렇게 되면 실제보다 많아 보일 것이오. 내가 원순열에 대하여 알려 드리리다."

내가 원순열에 대하여 설명하려고 할 때 마침 도훈도가 들어왔다.

"원순열에 대하여 이해하려면 먼저 순열이 무엇인지 알아야 합니다."

도훈도는 순열에 대하여 설명하려고 문제를 냈다.

"예를 들어 5명 중에서 2명을 뽑아 일렬로 세우는 경우가 몇 가지인지 아시는지요?"

그러자 방답첨사가 말했다.

"첫 번째는 5명을 선택할 수 있고 두 번째는 4명을 선택할 수 있으므로 모두 $5 \times 4 = 20$가지군요."

"그렇습니다. 이처럼 서로 다른 n개에서 $r(r \leq n)$개를 택하여 일렬로 나열하는 것을 n개에서 r개를 택하는 순열이라고 합니다. 이 순열의 수를 기호로 ${}_nP_r$와 같이 나타냅니다."

"아. 그럼 5명 중에서 2명을 선택하여 일렬로 세우는 경우의 수는 ${}_5P_2 = 20$이군요."

흥양현감이 대답하자 도훈도는 순열의 수를 구하는 방법을 설명하기 시작했다.

"서로 다른 n개에서 r개를 택하여 일렬로 나열할 때 1번째 자리에 올 수 있는 겨우는 n가지이고, 2번째 자리에 올 수 있는 경우는 첫 번째 자리에 놓인 1개를 제외한 $(n-1)$가지, 3번째 자리에 올 수 있는 경우는 앞의 두 자리에 놓인 2개를 제외한 $(n-2)$가지입니다. 이런 방법으로 계속해 나가면 r번째 자리에 올 수 있는 경우는 $(n-(r-1))=(n-r+1)$가지입니다. 따라서 서로 다른 n개에서 r개를 택하는 순열의 수는 곱의 법칙에 의하여 다음과 같습니다."

$$_{n}\mathrm{P}_{r}=n(n-1)(n-2)\cdots(n-r+1) \quad (\text{단, } 0<r\leq n)$$

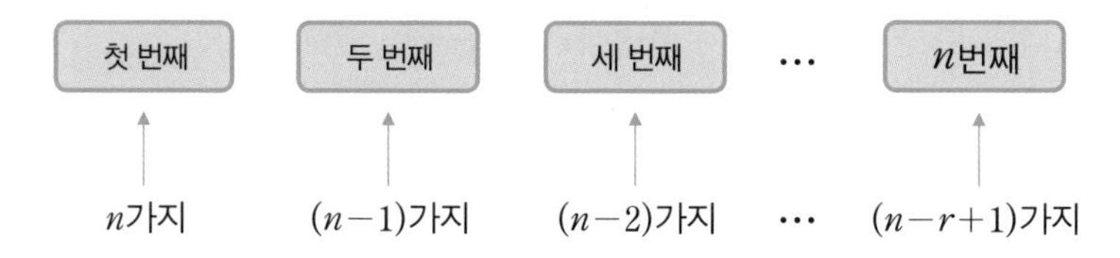

설명을 듣던 사도첨사가 말했다.

"이를테면 $_{7}\mathrm{P}_{3}=7\times6\times5=210$이군요. 그럼 $_{n}\mathrm{P}_{n}$인 경우는 어떻게 됩니까?"

"$_{n}\mathrm{P}_{n}=n(n-1)(n-2)\cdots3\cdot2\cdot1$이지요. 이 경우처럼 1부터 n까지의 자연수를 차례로 곱한 것을 n의 계승이라고 하며 기호로는 $n!$로 나타냅니다."

"이를테면 $4!=4\times3\times2\times1=24$이고, $0!=0$이겠군요."

"아닙니다. $n!$에 대하여 $n=1$일 때 $1!=1$이고, $n=0$일 때도 $0!=1$로 정합니다."

"그렇군요. 잘 알겠습니다."

사도첨사가 말하자 내가 웃으며 말했다.

"하하하. 사도첨사는 역시 수학에 소질이 있으시오. 도훈도, 이제 원순열에 대하여 사도첨사에게 설명해 주게."

"알겠습니다. 먼저 $A, B, C, D, E,$ 5명이 강강수월래를 할 경우를 생각해 봅시다. 5명이 일렬로 서는 경우의 수는 얼마인지 아십니까?"

도훈도가 순천부사의 얼굴을 보며 말하자 그가 대답했다.

"자네가 말한대로 하면 $5!=5\times4\times3\times2\times1=120$이로군."

"그렇습니다. 그럼 5명이 일렬로 설 때 A, B, C, D, E의 순서로 서는 것과 B, C, D, E, A의 순서로 서는 것은 같은 경우일까요?"

"아니지. 일렬로 세울 때는 서로 다른 경우가 되네."

"그렇지요. 그럼 5명이 손을 잡고 둥글게 설 때 A, B, C, D, E의 순서로 서는 것과 B, C, D, E, A의 순서로 서는 것은 같은 경우일까요?"

그러자 순천부사가 잠깐 생각하더니 도훈도의 질문에 대답했다.

"다섯 사람이 둥글게 설 때에는 처음과 끝의 구별이 없고, 회전하여도 순서는 바뀌지 않으므로 두 경우는 같소."

내가 말했다.

"그렇소. 순천부사의 말이 옳소. 그래서 5명이 손을 잡고 둥글게 서는 다음과 같은 5가지는 모두 같은 경우로 생각할 수 있소."

나는 원순열에 대하여 그림을 그려 가며 더 자세히 설명했다.

"다섯 사람이 한 줄로 서는 경우의 수는 ${}_5P_5=5!$이지만 둥글게 설

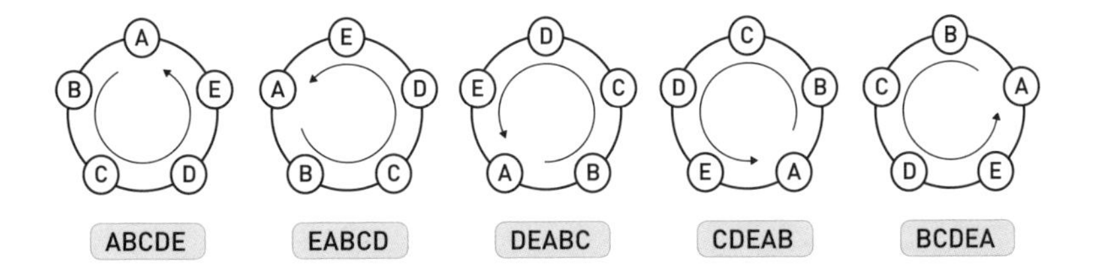

때에는 그림과 같이 5가지씩 같은 경우가 생기지요. 따라서 5명이 둥글게 서는 경우의 수는 $\frac{{}_5P_5}{5}=\frac{5!}{5}=4!=24$가 되지요. 이처럼 서로 다른 것을 원형으로 나열하는 순열을 원순열이라 합니다. 일반적으로 서로 다른 n개를 원형으로 나열하는 원순열의 수는 $\frac{{}_nP_n}{n}=\frac{n!}{n}=(n-1)!$이지요."

"그럼 예를 들어 6명이 둥근 식탁에 앉는 경우의 수는 원순열의 수가 되므로 $(6-1)!=5!=120$이군요."

"그렇소이다. 만일 부녀자들을 일렬로만 세우면 적들이 금방 눈치를 챌 것이오. 그러나 손을 잡고 빙빙 돈다면 얼굴을 확인할 수 없기 때문에 왜적은 우리의 병사가 많은 것으로 착각하고 겁을 먹을 것이오."

작전대로 좌수영의 부녀자들을 불러 옥매산 정상에서 강강수월래라고 노래하며 돌게 했다. 그랬더니 예상대로 적선들이 멀리서 이 광경을 보고 우왕좌왕하다가 되돌아갔다. 분명 왜적들은 우리 수군의 수가 매우 많다고 생각했을 것이고, 한동안은 우리 진영을 침범하려는 마음을 먹지 않을 것이다.

이달 30일, 계속 진을 치고 벽파진에 머물러 있었다. 배설은 적이 대거 쳐들어올 것을 겁내어 도망가려고만 했다. 나는 그런 사정을 알고 있었지만 아직 일어나지 않은 일이기에 배설을 처벌할 수 없었다. 그런데 배설이 자기 종을 보내어 청원서를 제출하면서 병세가 몹시 중하므로 몸조리를 해야겠다고 했다. 나는 육지로 나가서 조리하라고 답했다. 배설은 우수영에서 육지로 올라갔다.

23

정유년 9월 명량대첩

13척으로 이긴 명량대첩과 원의 방정식

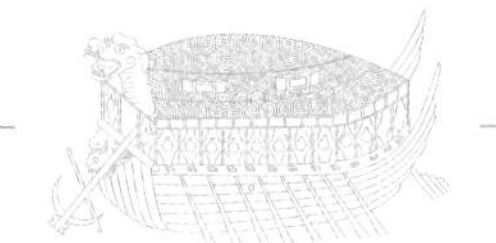

2일 새벽에 배설이 도망을 쳤다. 그는 나중에 자신의 고향인 경북 성주에서 붙들려 처형당했다.

며칠 동안 바람이 세차게 불더니 7일에는 맑았다. 이날 탐망 군관 임중형이 나에게 보고했다.

"적선 55척 중에 13척이 벌써 어란포 앞바다에 도착했습니다. 그들은 우리 수군을 노리고 있는 듯합니다."

나는 각 배에 엄중히 일러 경계했다. 오후 4시에 적선 13척이 곧장 우리 배를 향해 왔다. 우리 배들도 닻을 올려 바다로 나가 맞서서 공격하니 적들이 배를 돌려 달아나 버렸다. 나는 배를 몰아 그들을 추격했으나 바람과 조수가 모두 거슬러 흐르므로 항해할 수가 없어 벽파진으로 돌아왔다. 오늘 밤 아무래도 적의 야습이 있을 것 같아 각 배에게 경계태세를 갖추라고 했다. 과연 밤 10시쯤에 적선이 포를 쏘며 야습해 왔다. 여러 배의 병사들이 겁을 먹는 것 같았다. 다시 엄명을 내리고 내가 탄 배를 곧장 앞으로 이끌고 나갔다. 내가 적선을 향해 대포를 쏘자 천지가 진동했다. 그랬더니 적이 침범할 수 없음을 알고 자정에 물러갔다.

15일에 진을 우수영으로 옮겼다. 이는 적은 군사로 많은 왜적을 상대하는 데 명량을 등지고 진을 칠 수 없기 때문이다. 그리고 여러 장수를 불러 모아 다짐을 했다.

"병법에 이르기를 '죽으려 하면 살고, 살려고 하면 죽는다(必死則生死生則死)'고 했고, 또 한 사람이 길목을 지키면 천 명의 사람이라도 두렵게 한다고 했소! 이는 지금 우리를 두고 한 말이오. 그러니 여러 장수들은 살려는 생각은 하지 마시오. 조금이라도 명령을 어기면 군법으로 다스릴 것이오."

나는 그림을 그려서 장수들에게 작전을 설명하고 내일 있을 왜적과의 전투에 대비했다.

"우선 내가 선봉을 맡고, 미조항첨사 김응함이 중군장을 맡으시오. 또 우수사 김억추는 후군을 맡아서 병선으로 위장한 어선을 거느리고 후방을 지원하시오."

그러자 김응함이 말했다.

"그렇지만 적이 너무 많습니다."

"그렇소. 큰 바다로 적을 끌어내면 우리에게 불리하오. 하지만 좁은 지역이라면 승산이 있소. 아무리 많은 적이라도 우리를 공격하기에 쉽

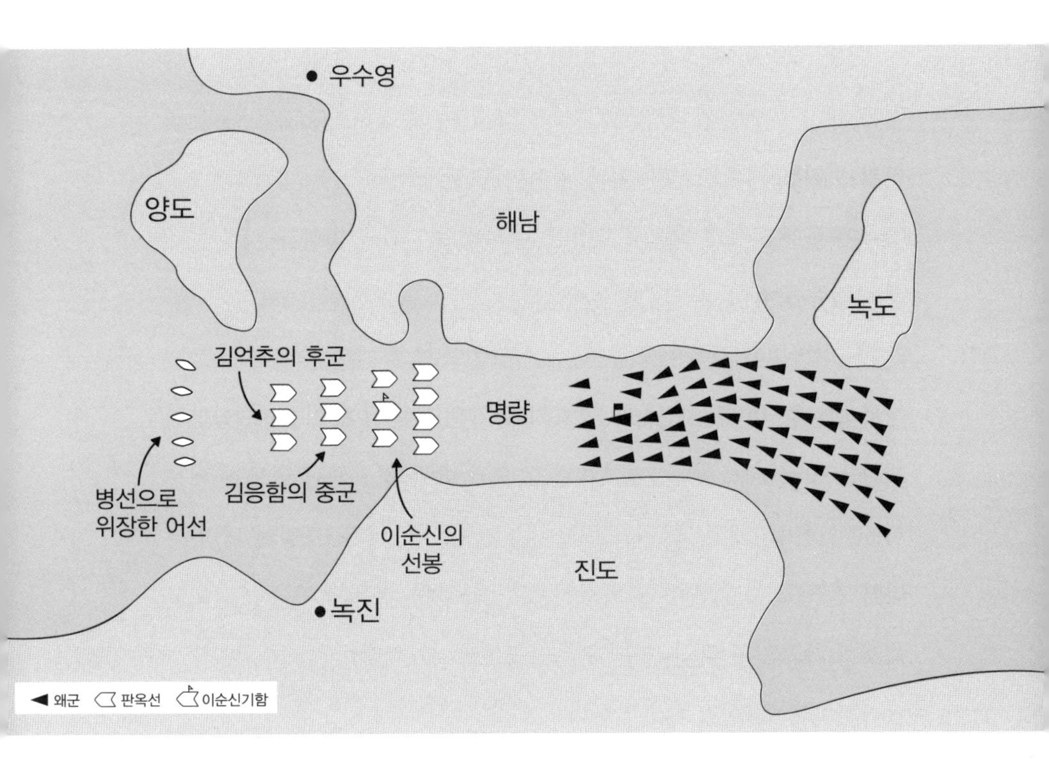

지 않을 것이오. 그래서 이번 전투는 해남과 진도 사이의 명량에서 적을 섬멸하려는 것이오."

그러자 김억추도 김응함의 말에 동감한다며 말했다.

"그래도 10여 척으로 300척이 넘는 적을 상대한다는 것은 승산이 없습니다."

"내게 비책이 있소. 도훈도를 들라 하라."

내가 명령하자 밖에서 대기하고 있던 도훈도가 들어왔다. 도훈도는 작전 중인 여러 장수들에게 인사를 했다. 그러자 김응함이 말했다.

"갑자기 도훈도는 왜 부르셨습니까?"

"이번 작전은 수학의 힘을 빌리지 않을 수 없소. 명량은 길목이 좁아 많은 배가 한꺼번에 움직이기 쉽지 않소. 그래서 미리 도훈도에게 몇 가지 준비를 시켰소이다. 자네가 설명해 보게."

내가 도훈도에게 말하자 도훈도는 명량의 밀물과 썰물을 기록한 내용을 장수들에게 보여 주며 말했다.

"우리 함선은 길목이 좁은 명량을 밀물일 때 통과합니다. 그리고 밀물과 썰물이 바뀌는 순간에 명량의 한가운데 왜선이 있을 수 있도록 시간을 맞춰 왜선을 유인합니다. 그 순간 좁은 명량에서 밀물과 썰물이 교차하며 한바탕 회오리 물살이 발생할 것입니다. 그렇게 되면 우리가 힘을 들이지 않아도 회오리 물살 때문에 왜선이 서로 부딪히고 깨져서 가라앉을 것입니다."

설명을 듣던 김억추가 말했다.

"자네가 밀물과 썰물이 교차하는 시각을 알고 있는가?"

"예. 이 기록과 수학적인 계산으로 그 시각을 정확히 알 수 있습니다. 그 시각은 16일 정오가 될 것입니다."

도훈도의 설명이 끝나자 나는 작전 지도를 보여 주며 장수들에게 설명했다.

"이번에 우리 수군이 펼칠 작전은 '날개를 접은 학익진'이오. 우리에게 남은 배 12척과 수리한 1척, 총 13척을 가지고 나갑시다. 그림과 같이 도훈도가 계산한 정확한 시각에 적을 유인하여 전개하면 적선들은 우리 배를 원 모양으로 에워쌀 것이오. 이는 마치 학이 날개를 접은 모양과 같소. 그때 적선들을 일시에 공격할 것이오."

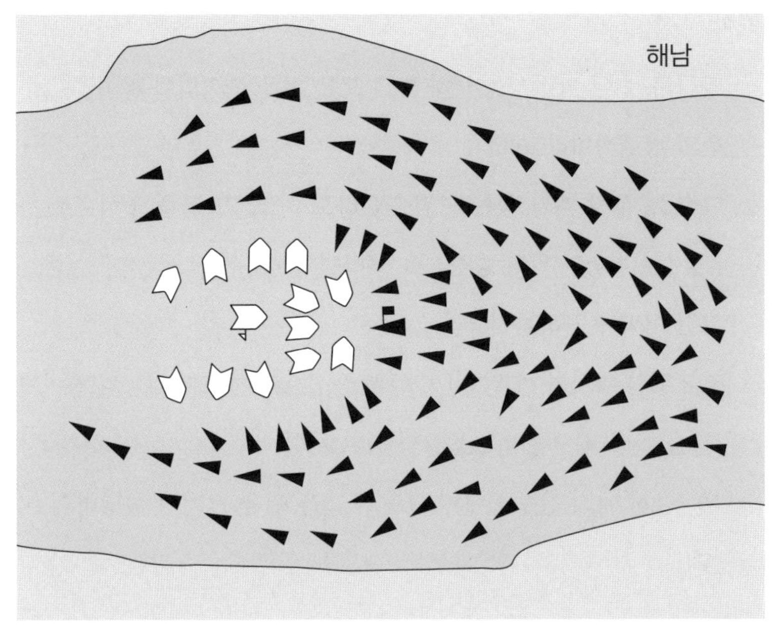

나의 작전에 김억추가 물었다.

"그러면 우리는 원의 중심에 놓이게 되는군요. 이렇게 한 지점에 모두 모이면 적의 대포에 한꺼번에 공격당하지 않을까요?"

"그럴 수도 있소. 하지만 여기서 중요한 전략이 있습니다. 우리 배인 판옥선은 바닥이 평편하여 좌우로 운전이 용이하지만 왜선은 배의 바닥이 뾰족하기 때문에 방향 전환이 쉽지 않소. 그래서 우리가 배를 움직여 원의 중심을 이리저리로 이동하며 대포로 공격하면 적들은 꼼짝할 수 없을 것이오."

"그렇게 하려면 우리가 있는 원의 중심에서 적선까지의 거리를 정확히 알아야 하겠군요. 또 중심이 이동되면 그때마다 다시 거리를 구해야 하겠습니다."

"하하하. 원의 방정식을 구하면 그 모든 것을 한꺼번에 알 수 있소."

"원의 방정식이라고요?"

"그렇소. 우리 배가 있는 지점을 C라고 하고, 그 점을 중심으로 반지름의 길이가 r인 원의 방정식을 구하면 됩니다."

"그건 어떻게 구하는지요?"

"좌표평면 위에서 한 점 C(a, b)를 중심으로 하고 반지름의 길이가 r인 원을 나타내는 방정식을 알면 되지요."

나는 다시 여러 장수들에게 그림과 같은 원을 그려서 설명하기 시작했다.

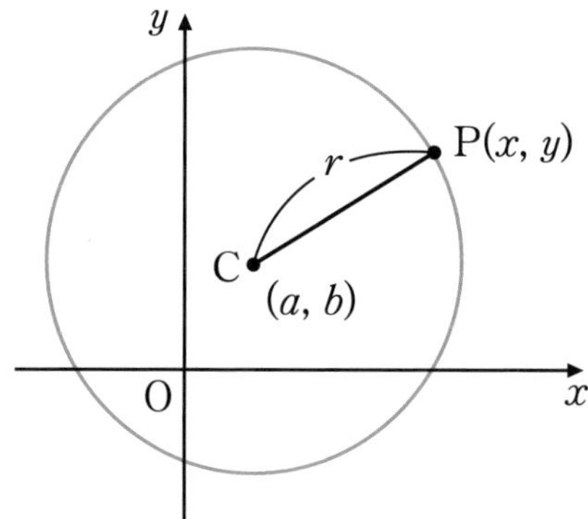

"이 원 위의 임의의 점을 P(x, y)라고 하면 $\overline{\mathrm{CP}}=r$이므로 피타고라스 정리를 이용하면 $(x-a)^2+(y-b)^2=r^2$이지요. 이 식이 바로 우리가 원하는 원의 방정식이오."

그러자 거제현령 안위가 말했다.

"이 방정식을 중심이 C(a, b)이고 반지름의 길이가 r인 원의 방정식이라고 합니다."

"하하하. 거제현령께서도 원의 방정식을 알고 있었군요. 특히 중심이 원점이고 반지름의 길이가 r인 원의 방정식은 $x^2+y^2=r^2$이지요."

그러자 김억추가 말했다.

"그렇다면 예를 들어 중심이 $(-3, 2)$이고 반지름의 길이가 2인 원의 방정식은 $(x+3)^2+(y-2)^2=2^2$이고, 또 중심이 원점이고 반지름의 길이가 4인 원의 방정식은 $x^2+y^2=4^2$이라는 말씀이군요."

"그렇소. 그럼 두 점 $A(1, 4)$, $B(3, -2)$를 지름의 양 끝 점으로 하는 원의 방정식도 구할 수 있겠소?"

내가 묻자 김응함이 대답했다.

"두 점을 지름의 양 끝 점으로 한다면 두 점을 잇는 선분의 길이의 반이 반지름 r이군요. 이것을 피타고라스 정리를 이용하여 구하면 $\overline{AC}=\sqrt{(2-1)^2+(1-4)^2}=\sqrt{10}$ 이지요. 또 구하는 원의 중심을 $C(a, b)$라고 하면 점 C는 선분 AB의 중점이므로 $a=\frac{1+3}{2}=2$, $b=\frac{4-2}{2}=1$이군요. 즉, 원의 중심의 좌표는 $C(2, 1)$이므로 구하는 원의 방정식은 $(x-2)^2+(y-1)^2=10$입니다."

"그렇소이다."

그러자 김억추가 물었다.

"통제사의 말씀은 우리 배가 원의 중심 $C(a, b)$에 있고 대포의 사정거리가 r이므로 원의 방정식은 $(x-a)^2+(y-b)^2=r^2$이라는 말씀이군요."

"그렇소. 중심의 좌표가 변해도 사정거리는 변하지 않으므로 항상

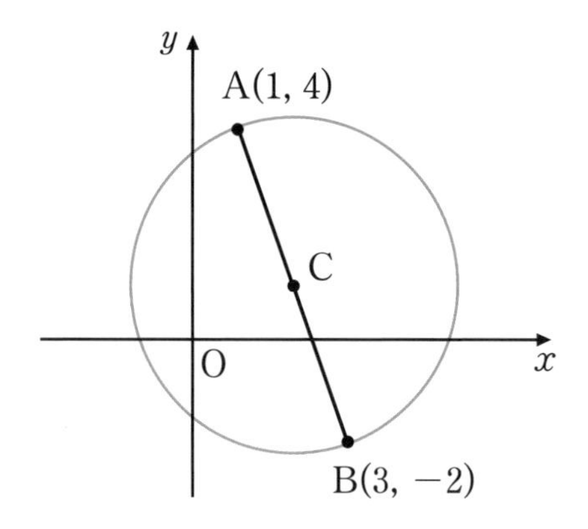

이 방정식을 만족하게 배를 이동시키며 적들을 공격한다면 반드시 승리할 수 있을 것이오. 또 원의 중심에 있게 될 우리 배의 위치를 모른다고 하더라도 원 위에 놓여 있는 왜선 2척을 이용하면 우리의 위치를 정확히 구할 수 있게 되는 것이오."

나의 설명이 끝나자 안위는 원의 방정식의 일반형에 대하여 설명했다.

"원의 방정식 $(x-a)^2+(y-b)^2=r^2$의 좌변을 전개하여 정리하면 다음과 같습니다."

안위는 설명하면서 식을 썼다.

$$x^2+y^2-2ax-2by+a^2+b^2-r^2=0$$

"여기서 $-2a=A$, $-2b=B$, $a^2+b^2-r^2=C$로 놓으면 위의 원의 방정식은 이렇게 됩니다."

안위는 다시 식을 썼다.

$$x^2+y^2+Ax+By+C=0$$

"즉 원의 방정식은 x^2, y^2의 계수가 같고, xy의 계수가 0인 x, y에 대한 이차방정식의 꼴로 나타낼 수 있습니다. 그리고 $x^2+y^2+Ax+By+C=0$을 원의 방정식의 일반형이라고 합니다."

그래서 내가 문제를 하나 냈다.

"그럼 방정식 $x^2+y^2+4x-6y+4=0$은 어떤 도형을 나타내는지 말해 보시겠소?"

나의 질문에 김억추가 잠시 생각하다가 말했다.

"주어진 방정식의 양변에 9를 더하여 $x^2+4x+4+y^2-6y+9=9$로 변형하면 쉽게 알 수 있습니다. 좌변을 간단히 하면 $(x+2)^2+(y-3)^2=3^2$입니다. 따라서 주어진 방정식은 중심이 점 $(-2, 3)$이고 반지름의 길이가 3인 원을 나타냅니다."

"그렇소. 이제 모든 장수들이 원의 방정식에 대하여 잘 이해한 것 같으니 내일 승리는 우리 것이오."

작전 회의를 마치고 16일이 밝았다. 아침에 적선이 몰려오므로 곧 여러 배에게 명령하여 닻을 올리고 바다로 나갔다. 그랬더니 예상대로 적선 330여 척이 우리 배를 에워쌌다. 나는 노를 바삐 저어 앞으로 돌진하며 지자총통과 현자총통 등 각종 총통을 마구 쏘아 바람과 우레같이 터뜨렸다. 군관들도 배 위에 가득 서서 빗발같이 쏘아 대니 적들은 당황하여 우왕좌왕했다. 나는 급히 명령했다.

"퇴각하라!"

나의 명령에 따라 조선 수군의 배들이 명량의 가운데를 향해 후퇴하기 시작했다. 작전대로 우리가 후퇴하자 왜선들은 이때다 싶었는지 우리의 배를 쫓아 명량의 가운데로 돌진하기 시작했다. 드디어 우리는 도훈도가 계산한 시각에 왜선들을 명량의 한가운데 들어오게 했다. 나는 다시 명령했다.

"날개 접은 학익진을 펼쳐라!"

명령을 내린 후 나는 배를 돌려 바로 들어가 빗발치듯 마구 쏘아 적선 3척을 남김없이 무찔렀다. 이때 녹도만호 송여종과 평산포대장 정응두의 배가 연달아 와서 협력하여 적을 쏘았다. 몸을 움직이는 적은 한 놈도 없었다. 그때 내 배에 타고 있던, 항복해 온 왜인 준사가 말했다.

"통제사. 저 무늬 있는 붉은 비단옷을 입은 놈이 안골포의 적장 마다시(구루시마 미치후사)입니다."

그래서 내가 물 긷는 군사인 김석손을 시켜서 갈고리로 붉은 비단옷 입은 자를 뱃머리 위로 끌어올리게 했다. 준사가 말했다.

"적장이 확실합니다."

그래서 나는 곧바로 그의 목을 베어 장대에 매달아 적들에게 보였다. 이를 보고 적들의 기세가 크게 꺾였다. 우리 배가 일제히 북을 울리며 나아가 지자총통과 현자총통, 화살을 빗발같이 쏘아 적선 30척을 깨뜨렸다.

그러자 바로 그 순간, 명량에서 밀물과 썰물이 교차하기 시작했다.

그리고 점점 물살이 거칠어지며 바다에 떠 있는 배들을 흔들기 시작했다. 판옥선은 바닥이 평편하여 큰 흔들림이 없었지만 왜선들은 회오리 물살 때문에 커다란 혼란에 빠졌다. 왜선들은 서로 먼저 빠져나가려고 배를 돌리려 했지만 거센 물살에 오히려 자기들끼리 부딪히며 깨졌다. 이때를 틈타 우리 배는 학익진을 해체하고 명량에서 빠져나오며 왜선을 향해 각종 대포를 일시에 발사했다. 명량은 조선의 대포 소리와 왜선이 깨지는 소리 그리고 왜군들의 아우성이 엉켜 실로 지옥을 방불케 했다.

명량은 이제 왜선들의 거대한 무덤이 됐다. 왜군들은 부서지고 깨진 왜선들 위에서 서로 뒤섞여 살려고 발버둥 치고 있었다. 미처 명량에 들어오지 않고 왜선단의 후방에 남아 있던 적선들은 퇴각해 달아났고 다시는 우리 수군 앞으로 가까이 오지 못했다.

이는 실로 철저히 수학을 이용한 작전의 승리였다. 조선 수군은 사기가 충천하여 나머지 왜군들을 무찌르려 했지만 명량의 물살이 무척 험하고 형세도 위태로웠기 때문에 모든 배를 명량에서 빼내어 당사도로 향하게 했다. 길고 어려웠던 명량의 전투는 이렇게 끝나 갔다.

24

무술년(1598년) 11월 노량해전

이순신의 죽음과 확률의 성질

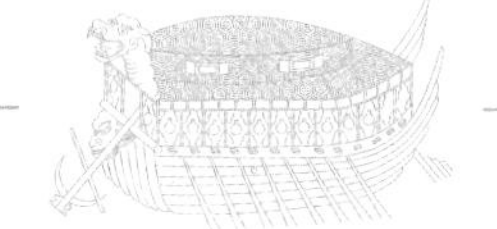

9월 15일에 우리 함대는 진린 도독(명나라 관직 이름)과 함께 나로도에 진을 치고 왜적과 마주하고 있었다. 이날 우리가 나로도로 진을 옮긴 것은 모든 적들이 곧 철수할 것이라는 정보를 입수했기 때문이다. 이는 돌아가는 적의 퇴로를 끊어 왜적을 섬멸하기 위함이었다. 9월 21에 적과 하루 종일 싸웠으나 물이 너무 얕아서 진격할 수가 없었다. 그러나 왜선에서 여러 가지 물건을 빼앗았고, 이것들을 모두 진린에게 바쳤다.

10월 2일에는 아침 일찍 진군했는데 정오까지 싸워 적을 많이 죽였다. 그러나 사도첨사 황세득이 탄환에 맞아 전사했다. 3일에 진린과 함께 자정에 이르기까지 적을 쳐부수었다. 그러나 명나라의 중간 배 19척, 큰 배 20여 척이 불탔다. 진린이 있는 힘을 다해 싸우며 애썼던 일은 이루 형언할 길이 없다.

11월이 되자 왜적들은 진린에게 뇌물을 전하기 시작했다. 그들은 일본으로 돌아가는 길을 열기 위해 진린에게 휴전을 제안했다. 14일 왜선 2척이 강화(싸움을 그치고 평화로운 상태가 됨)를 논의하기 위해 바다 가운데까지 나왔다. 진린은 통역관을 시켜서 왜선을 오게 했고, 그들로부터 붉은 기와 환도 등의 물건을 받았다. 오후 8시경에 왜장이 작은 배를 타고 도독부로 들어가서 돼지 2마리와 술 2통을 진린에게 바쳤다고 한다. 휴전을 위한 왜적의 노력은 15일과 16일에도 계속됐다. 특히 16일에는 왜선 3척이 말과 창, 칼들을 가져와서 진린에게 바쳤다.

내가 이 일을 염려하고 있는데 아들 회와 조카 완이 들어왔다.

"회야. 진린 도독이 왜적과 강화를 맺을 확률이 얼마라고 생각하느냐?"

"글쎄요? 그 확률이 어떤 값이 될지는 잘 모르겠습니다."

그러자 조카 완이 말했다.

"제 생각으로는 진린 도독이 왜적과 강화할 확률은 0입니다. 절대로 일어날 수 없는 일인 셈이지요."

그러자 회가 말했다.

"하지만 제 생각은 다릅니다. 지금처럼 왜적이 적극적으로 강화를 맺으려고 한다면 아마도 그렇게 될 확률은 점점 커질 것 같습니다."

"그럼 진린 도독이 왜적과 강화를 맺을 확률이 $\frac{1}{3}$이라면 맺지 않을 확률은 얼마겠느냐?"

내가 둘에게 묻자 조카 완이 먼저 말했다.

"사건 A가 일어날 확률을 p라고 하면, 사건 A가 일어나지 않을 확률은 $1-p$입니다. 따라서 강화를 맺지 않을 확률은 $1-\frac{1}{3}=\frac{2}{3}$입니다."

"그렇다면 확률에 대한 말이 나온 김에, 일상생활에서 확률이 0 또는 1이 되는 경우를 각자 말해 보거라."

나의 질문에 아들 회가 먼저 말했다.

"확률이 0인 경우는 해가 서쪽에서 뜰 경우입니다."

그러자 완이 회의 말을 이어받았다.

"확률이 1인 경우는 해가 동쪽에서 뜰 경우입니다."

"그래. 내가 생각하기에 진린 도독이 왜군과 강화를 맺을 확률은 0인 것 같구나. 그리고 너희는 무슨 일이 있어도 왜적을 모두 물리칠 확률을 1로 만들어야 한다."

"예, 알겠습니다."

아들, 조카와 이런 이야기를 나누며 밤을 지샜다. 진린은 나의 예상대로 왜적과 강화를 맺지 않았다. 왜적들은 우리를 공격하기 위하여 18일 저녁 6시경에 남해로부터 무수히 나와 엄목포와 노량에 정박했다. 나는 진린과 약속하고 밤 10시에 출항하여 새벽 2시에 도착해, 적선 500여 척과 아침이 되도록 크게 싸웠다. 그러다가 19일 새벽 4시경에 우리 함대는 노량해협에 이르렀다. 해협을 가득 메운 왜선들의 불빛이 긴 뱀처럼 줄지어 있었다.

우리 함대는 왜적을 일시에 섬멸하기 위하여 총공격을 개시했다. 해전이 시작되자 왜군은 진린 함대를 공격했지만 진린의 반격으로 뒤로 밀렸다. 밀려나다 보니 그만 뒤가 막힌 관음포 안으로 들어가고 말았다. 이에 진린은 곧장 관음포로 추격해 들어가 왜선단을 공격했다. 그런데 그때 또 다른 왜선단이 나타나 진린 함대를 포위했다. 진린 함대는 역으로 포위됐다. 그때 진린이 외쳤다.

"나를 구하라!"

"진린 도독을 구하라!"

나는 명령을 내리고 즉시 진린을 구하기 위해 우리 함대의 모든 배를 관음포로 향하게 했다. 이때가 19일 오전 7시경이었다. 이 무렵 왜군들은 진린의 함대와 접전을 펼치고 있던 관음포의 왜선을 제외하고는 대부분 침몰하는 타격을 입은 상태였다. 나는 진린을 구하기 위하여 관음포에 접어들었다. 그러나 관음포는 좁은 바다였다. 왜적들은 삼도수군통제사의 깃발이 펄럭이는 나의 배를 보았다. 그래도 나는 진린

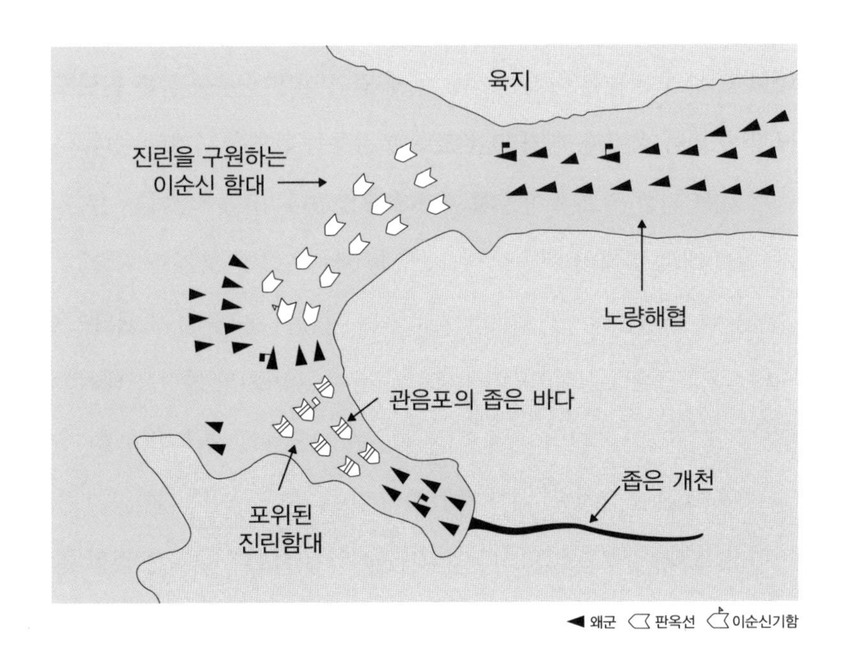

을 구하기 위하여 왜군 조총의 유효사거리 안까지 접근해 들어갈 수밖에 없었다.

나의 배를 발견한 왜적들은 일제히 나의 배에 조총을 쏘기 시작했다. 수백, 수천 발의 조총탄이 탄막을 형성하며 나의 배에 쏟아져 들어왔다. 나는 여러 겹으로 방패를 치고 있었다. 그러나 그 사이를 헤치고 적의 총탄이 날아와 나의 겨드랑이 사이로 파고들었다.

나는 들고 있던 북채를 놓치며 쓰러졌다. 정신이 아득하고 혼미해지기 시작했다. 아마도 적의 총탄이 나의 가슴에 박힌 듯했다. 내가 쓰러지자 아들 회와 조카 완이 달려왔다.

"아버님!"

"숙부님!"

나는 이것이 나의 마지막임을 직감했다. 그러나 지금은 싸움이 한창이었다. 만약 적들이 나의 죽음을 알게 되면 이번 전투는 물론 진린도 구할 수 없을 것이다. 내가 없어도 이번 전투는 반드시 이겨야 했다. 나는 흐르는 피를 막으며 아들과 조카에게 말했다.

"나를 방패로 가려라."

아들과 조카는 얼른 나를 방패로 가려 적들이 볼 수 없게 했다. 그러나 나의 정신은 점점 더 혼미해져 갔다. 나는 마지막 명령을 내려야 했다.

"싸움이 한창 급하다. 내가 죽었다는 말을 하지 마라!"

다른 말을 더하고 싶었지만 입이 움직이지 않았다. 눈앞은 점점 칠흑 같은 어둠으로 가려졌다. 멀리서 승리의 함성이 들리는 듯했지만 가

늠할 수 없었다. 그때 차츰 어둠이 걷히고 한 줄기 환한 빛이 내려오고 있었다. 그 빛 속에는 어머니가 계셨다. 어머니께서는 나에게 어서 오라며 손을 내미셨다. 나는 어머니께서 내민 손을 잡았다. 어머니의 손은 내가 어렸을 때 잡았던 그때와 마찬가지로 따뜻했다. 그 따스함에 이끌려 나는 어머니와 함께 빛 속으로 걸어갔다.

충청남도 아산시에 위치한 현충사. 이순신 장군을 기리기 위한 사당으로 1706년(숙종 30년)에 지어졌다. –문화재청 현충사관리소 제공

이순신 장군의 묘소로 충청남도 아산시에 위치한다. 사적 제112호이다. –문화재청 현충사관리소 제공

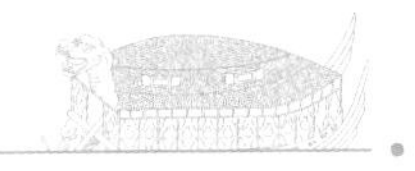

부록 『수학으로 다시 보는 난중일기』에 등장하는 조선 시대 수학의 역사적인 배경에 대해 참고할 수 있도록 아래 논문 중 일부를 발췌하여 수록한다.

조선의 산학서로 보는 이순신 장군의 학익진

저자: 이광연, 설한국

출처: 『동방학』 제28집, pp. 8~42

날짜: 2013년 8월

I. 임진왜란

조선의 14대 왕인 선조는 즉위 초부터 주자학을 장려하고 사림을 널리 등용했다. 선조의 재위 기간 동안 사림정치(士林政治)가 확립되고 이후 붕당정치(朋黨政治)가 시작됐으며, 임진왜란과 정유재란이 발발했다. 선조 25년인 임진년(1592년)에 일본은 명나라를 친다는 명분으로 조선을 침략했는데, 이것이 임진왜란이다.

대내적으로 붕당 간의 권력 쟁탈전이 치열하게 전개되고 있을 때 대외적으로는 여진족과 일본의 외침이 있었다. 북쪽의 여진족은 어렵지 않게 제압하여 근거지를 소탕했지만 일본의 경우는 달랐다. 그래서 선조는 일본의 동태를 파악하기 위하여 1590년 황윤길(黃允吉), 김성일(金誠一), 허성(許筬) 등을 일본에 사신으로 파견했다.

당시 일본에서 도요토미 히데요시(豊臣秀吉)가 전국 시대(戰國時代)를 통일하고 자신의 정치적 안정을 도모하기 위해 대륙 침략을 계획하고 있었다. 서인인 황윤길은 일본이 많은 병선(兵船)을 준비하고 있어 머지않아 조선을 침략할 것이라고 보고한 반면, 동인인 김성일은 침입할 조짐을 발견하지 못했다고 보고했다. 붕당정치로 동인의 세력이 우세했던 당시의 대신들은 김성일의 말이 옳다고 선조를 안심시켰다. 그러나 통신사와 함께 온 일본 사신이 "1년 후에 조선의 길을 빌려서 명나라를 칠 것(假道入明)."이라고 통고하자 조선 정부는 크게 놀랐다. 뒤늦게 경상도와 전라도 연안의 여러 성을 수축하고 각 진영의 무기를 정비하는 등 대비책을 마련했으나 실효를 거두지 못했다. 결국 임진년 4월 13일 일본군이 부산포에 상륙했고, 파죽지세로 북진했다. 선조는 서울을 버리고 개성으로 피난했으며, 이어 평양을 거쳐 의주에 이르렀다. 이곳에서 선조는 만일의 사태에 대비하여 평양에서 세자로 책봉한 광해군으로 하여금 분조(分朝)를 설치하게 하는 한편, 명나라에게 구원병 파견을 요청했다. 이에 명나라는 그해 12월 45,000명의 군대를 파견했다.

이 사이에 조선 수군은 이순신(李舜臣)을 중심으로 하여 일본 수군과의 전투에서 연승을 거두고 있었다. 이순신의 승리는 백성들에게 국난을 극복할 수 있다는 자신감을 갖게 했으며, 7년간의 임진왜란을 승리로 이끄는 결정적인 역할을 했다. 일본은 정유년(1597년)에 명과 진행하던 강화 회담이 깨지자 다시 침입했다. 그러나 이순신이 이끄는 조선 수군과의 전투에서 패했고 도요토미의 사망으로 총퇴각함으로써 7년에 걸친 전쟁은 끝났다.

7년의 임진왜란 동안 이순신은 왜군과의 전투에서 모두 승리했다. 이 책의 끝에 제시된 참고문헌의 저서와 논문에서 다양한 방법으로 이순신의 승리 요인을 분석하고 있다. 하지만 장군의 승리 요인을 수학적으로 분석한 결과는 현재까지 없다. 당시 조선 수학자들의 실력이 중국이나 일본의 수학자들과 비교하여 전혀 뒤지지 않았고, 조선의 수학적 체계가 잘 꾸며져 있었다. 이로 미루어 보면 조선 수군의 총지휘관이었던 이순신도 전투에서 수학을 활용했음을 쉽게 짐작할 수 있다.

조선 수군이 처음으로 전쟁에 참여한 것은 임진왜란이 시작된 지 20여 일이 지난 5월 4일이었다. 이순신은 전투함 24척으로 함대를 꾸려 5월 7일 거제도 옥포 앞바다에 도착했다. 당시 옥포만에는 왜선 약 30여 척이 정박해 있었다. 이날 옥포에서 조선 수군은 속전속결로 왜선 26척을 침몰시켰다. 같은 날 오후에 벌어진 합포해전에서 5척, 8일 아침에 적진포에서 13척의 왜선을 침몰시켜 왜군과의 첫 번째 전투인 옥포해전을 이겼다. 이로 인해 조선 수군은 자신감을 얻었다.

옥포해전에서 조선 수군은 천자 · 지자 · 현자 · 황자총통 등 각종 화약 무기를 이용했고, 전투함으로 왜선을 들이받는 당파전술과 불화살로 왜선을 불태우는 공격법을 사용했다. 또한 왜선이 보유한 각종 무기들의 사정거리 밖에서 학이 날개를 편 모습의 학익진(鶴翼陣)을 처음 사용했다. 이후에 이런 전법들은 조선 수군이 해전에서 승리할 수 있는 전술 개발의 토대가 됐다. 특히 7월 8일 이순신 함대는 폭이 좁고 수심이 낮은 견내량에서 왜군을 한산도의 넓은 앞바다로 유인하여 쌍학익진을 써서 대승을 거두었는데, 이것을 한산대첩이라고 한다.

이순신은 조선 수군의 주력선인 판옥선과 화포를 이용하여 전투를 했는데, 이런 전투에서 승리하려면 적선까지의 거리를 정확히 측정할 수 있어야 했다. 특히 이순신이 한산도에서 펼친 쌍학익진으로 정확하게 적선에 화포를 쏘아 침몰시키려면 반드시 적선까지의 거리를 알아야 했다. 그렇지 않고 대포를 대충 쏘면 포탄은 적선을 넘어 조선 수군의 배를 강타할 수 있기 때문이다.

Ⅱ. 조선의 산학

1. 조선의 산학제도

우리나라는 5,000년의 역사를 자랑하면서도 여러 부분에서 중국의 영향을 받았다. 중국의 영향은 수학에서도 예외는 아니었다. 고대부터 조선 시대 말까지 우리나라의 수학은 중국의 수학을 그대로 도입하여 이용하거나 약간의 변형을 가하는 정도였다. 하지만 우리나라의 수학은 중국 수학과는 뚜렷한 차이점이 있다. 특히 우리나라의 수학이 스스로의 전통을 정립하기에 충분한 특징을 다음과 같이 다섯 가지로 요약할 수 있다.[1]

1 『한국수학사』 참조.

첫째, 우리나라가 중국 수학의 전통을 따르고 있었던 것은 사실이지만, 그렇다고 해서 중국 수학사의 흐름에 맞추어 그때마다 중국 수학을 유행처럼 받아들이고 추종한 것은 결코 아니었다. 둘째, 우리나라의 수학은 크게 나누어 사대부의 교양 수학과 관료 조직에서 요구된 실용 수학의 이원적 구조를 이루고 있었다. 셋째, 중국이나 일본 수학사에서 말하는 민간 수학 또는 민간 수학자는 한국의 전통 사회에 존재하지 않았다. 한국의 수학자는 어떤 의미로는 거의 예외 없이 관학자(官學者)였다. 넷째, 관영과학(官營科學)의 하나인 산학(算學, 오늘날의 수학과 같은 뜻. 셈 등에 관하여 연구하는 학문)을 담당하는 하급 기능직 관리 사이에서 일종의 길드 조직이 생겨났다. 다섯째, 조선 시대 사대부들의 수학과 중인들의 수학은 서로 병행하고 공존하는 위치에서 시작됐다.

조선의 산학은 뛰어난 왕인 세종의 치세에 비약적인 발전을 이뤘다. 그 이유를 고려 왕조가 멸망한 주요 원인 중 하나인 양전제에서 찾을 수 있다. 세종은 고려의 문제점을 파악하고 전제평정소(田制評定所)를 설치하여 전제(논밭에 관한 제도)를 확립하려 했으며, 땅을 공평하게 관리하기 위해서는 반드시 산학이 필요하다고 생각했다. 특히 세종은 당시 부제학이었던 정인지로부터 『산학계몽(算學啓蒙)』[2]에 관한 강의를 받았을 정도로 산학에 열의가 있었다. 더불어 사대부의 자제들도 산학을 배우도록 장려했다.

2 중국 원(元) 대의 산학자 주세걸이 지은 산학입문서로, 상 · 중 · 하 3권 20문에 모두 259개의 문제를 담고 있다.

세종 대까지는 산학자들을 비롯하여 과학자들을 우대하는 정책을 폈지만 세조 이후에는 점점 기술자들을 무시하는 정서가 퍼졌다. 이런 분위기에서 산학제도는 성종 16년(1485년)에 완성된 『경국대전(經國大典)』에 기초하여 정비됐다. 『경국대전』에 의하면 산학은 호조(戶曹)에 속했는데 호조는 호구(戶口), 전지(田地), 조세(租稅), 부역(賦役), 공납(貢納), 진대(賑貸) 등을 다루는 부서로 약 30명의 산원(算員)을 두었다. 세종 이후에 산학의 취재(재주를 시험하여 사람을 뽑음)는 호조의 주관으로 1년에 4회 실시했다. 조선 시대의 주도적인 산학교과서는 『상명산법(詳明算法)』[3] 『양휘산법(楊輝算法)』[4] 『산학계몽(算學啓蒙)』이었다.

정비된 제도와 여러 가지 산학서가 있었다는 것으로부터 조선의 수학은 매우 체계적으로 관리됐고 실용적인 측면이 강조됐음을 알 수 있다. 특히 조선 말기에는 사대부와 중인의 수학이 결부되면서 관영수학의 틀을 벗어난 '수학을 위한 수학'인 이론수학이 싹트기 시작했다. 16세기 후반부터 약 300년간 지속된 실학파 계몽운동으로 조선 산학도 중흥기를 맞이했다.

2. 조선의 산학서

조선 시대 대표적인 산학서는 『상명산법』 『양휘산법』 『산학계몽』 등

3 중국 명(明) 대의 산학자 안지제(安止齊)가 지은 산학입문서로 천 · 지 2권이다. 구장명수로 시작하여 가감승제, 단위 환산, 급수 문제, 창고의 들이, 둑의 부피, 농지 측량 등의 내용을 담고 있다.

4 중국 남송(南宋) 대의 산학자 양휘(楊輝)가 지은 산학서로 승제통변산보(乘除通變算寶) 3권, 전무비류승제첩법(田畝比類乘除捷法) 2권, 속고적기산법(續古摘奇算法) 2권으로 돼 있다.

이 있다. 조선의 수학에 대한 자료는 임진(1592년)과 정유(1597년) 두 번의 왜란으로 이전의 것은 완전히 소실됐다. 그러나 실학기에 접어들면서 산학 연구가 활성화됐다. 현재 남아 있는 산학서는 이 시기부터 간행된 것이다.[5] 『산학서로 보는 조선수학』에서 주요한 10권의 산학서를 시대별로 정리한 다음과 같은 표를 볼 수 있다.[6]

조선 왕조	연도	산학서	저자
?	17세기	묵사집산법	경선징
숙종 26년	1700년	구수략	최석정
?	18세기	구일집	홍정하
영조 50년	1774년	산학입문 · 산학본원	황윤석
철종 5년	1854년	차근방몽구	이상혁
철종 6년	1855년	산술관견	이상혁
철종 9년	1858년	측량도해	남병길
?	19세기	유씨구고술요도해	남병길
고종 5년	1868년	익산	이상혁

[표 1] 조선 산학서의 시대별 정리

이 가운데 임진왜란과 비교적 가까운 시기에 간행된 것으로 알려진 『묵사집산법(黙思集算法)』 『구수략(九數略)』 『구일집(九一集)』의 내용을 간단히 살펴보자. 이 3권의 산학서를 택한 이유는 임진왜란으로 인하여 그 이전의 산학서를 정확하게 확인할 수 없고, 이 3권의 산학서가

5 당시 간행된 산학서와 그 자세한 내용에 대해서는 『수학사대전』, 『한국수학사』, 『산학서로 보는 조선수학』을 참조하기 바란다.

6 대부분의 조선 산학자들은 중인이었기 때문에 그들에 대한 기록이 거의 없다. 결국 그들이 지은 산학서도 정확하게 언제 저술됐는지 알 수 있는 경우가 있다. 표에서 '?'로 나타낸 것은 정확한 연도를 알 수 없는 경우다.

임진왜란을 거친 이후에 조선의 산학을 대표하기 때문이다. 따라서 3권의 산학서에 어떤 내용이 있는지 안다면 임진왜란 당시에 이순신이 왜군과의 해전에서 어떤 산술을 활용했는지 이해할 수 있다.

(1)『묵사집산법』

17세기 조선 산학자인 경선징이 지은『묵사집산법』은 우리나라 산학자가 저술한 최초의 산학서로 추정되고 있다. 이 책은 모두 3권 3책으로 이루어져 있으며 모두 398개의 문제를 포함하고 있다. 천, 지, 인으로 되어 있는 3권의 주요 내용은 다음과 같다.

① 천의 내용

- 가장 큰 자리의 수가 1인 곱셈 등 일반적인 곱셈
- 나눗수(제수)가 한 자리 수인 나눗셈 등 일반적인 나눗셈
- 곱셈과 나눗셈이 모두 필요한 문제

② 지의 내용

- 미지수가 2개인 연립일차방정식, 등비수열, 등비급수
- 다양한 모양의 밭의 넓이, 사다리꼴 기둥의 부피를 구하는 문제
- 분수의 약분과 분수끼리의 연산 및 그 응용에 관한 문제

③ 인의 내용

- 사람 사이에 물건이나 돈의 분배와 관련된 문제

• 방정식, 직각삼각형과 관련된 문제

• 제곱근 풀이와 세제곱근 풀이를 이용하여 해결할 수 있는 문제

(2) 『구수략』

이 책은 숙종 26년(1700년)에 문신 최석정(崔錫鼎, 1646년~1715년)이 지은 것으로 건과 곤 2권으로 구성되어 있다.

① 건의 내용

• 소수, 정수, 대수 등 수의 근본에 대하여

• 도량형의 기본 단위의 명칭과 개념

• 사상(四象)에서 태양을 덧셈, 태음을 뺄셈, 소양을 곱셈, 소음을 나눗셈에 대응하는 사상

② 곤의 내용

• 서양의 책 내용 소개

• 산대(셈을 할 때 사용하는 나무)의 편리함

• 다양한 마방진

(3) 『구일집』

『구일집』의 저자인 홍정하(洪正夏, 1684년~?)는 숙종 10년에 태어난 중인 출신의 산학자다. 이 책은 천 · 지 · 인 3책을 통틀어 총 9권으로 이루어져 있으며 주요 내용은 다음과 같다.

① 천의 내용

- 곱셈, 나눗셈, 수열, 비례식 문제
- 평면도형의 넓이와 입체도형의 부피를 구하는 문제
- 연립방정식, 일차방정식, 연비, 공배수 문제

② 지의 내용

- 구 등 입체도형의 부피를 구하는 문제
- 수열의 합에 관련된 문제
- 삼각형의 닮음을 활용하여 길이를 측량하는 문제(망해도술문)

③ 인의 내용

- 천원술(방정식)과 개방술(제곱근) 문제
- 천문학, 음계 관련 문제

위의 내용 가운데 본 논문에서는 특히 『구일집(지)』의 '망해도술문(望海島術門)' 부분을 살펴볼 것이다. 여기에 있는 문제는 제목에서 알 수 있듯이 바다 가운데에 있는 섬을 뭍에서 보고 그 거리를 헤아리는 산법에 대한 것이다. 이를 활용하면 바다 한가운데에서도 배와 배 사이의 거리를 정확하게 구할 수 있다.

III. 산학과 학익진

1. 조선 수군과 산학자

임진왜란 당시 조선 수군은 이순신의 지도 아래 제해권을 장악했다. 이순신의 뛰어난 전술은 물론 탁월한 지도통솔력에 의한 용병작전에 그 대부분이 기인했지만 그 뒷받침을 한 또 다른 큰 힘이 있었다. 바로 조선 수군이 보유했던 특수한 수군제도와 거북선 및 화포와 같은 병기들이다. 여기서 조선 수군의 조직에 대하여 간단히 알아보자.

제도적으로 해상 방어를 전담하는 수군이 확립되어 육군과는 독립된 병종으로 정착된 것은 조선 전기의 일이었다. 그 이전까지의 수군은 육군을 보조하는 역할을 했다. 조선 전기 수군의 발전은 고려 말 왜구의 빈번한 침입으로 수군이 재정비됐던 데서 비롯했다. 태조 6년(1397년)에 각도의 연해 거점 15개를 정하여 진을 만든 것을 시작으로 세종 3년에는 수군도안무처치사가 수군의 군무를 맡았다. 이로써 수군의 독자적인 지휘 체제가 세워졌다.

임진왜란 중 왜군은 처음에는 해상에서 아무런 저항을 받지 않고 상륙에 성공, 육상의 간선도로를 점령하면서 북상했다. 전쟁 초기에 조선 육군의 패전과 달리 전라좌수사 이순신이 거느린 수군은 10여 회의 해전에서 모두 승리하여 전체의 전세에 큰 영향을 줬다.

삼도수군통제사, 수군통제사, 수군절제사, 수군만호가 조선 수군 진영의 기본 통솔 체계였으며, 각 진영의 군관은 배를 지휘하는 선장(船將), 신호용 깃발을 가지고 신호를 담당하는 기패관(旗牌官), 도둑이나 범죄자를 관리하는 포도관(捕盜官), 훈육을 담당하는 훈도관(訓導官)이 있었다.

여기서 우리가 주목해야 할 관리가 바로 훈도관이다. 세종은 1424년 서울에 동·서·남·중의 사부학당(四部學堂)을 설립하고 훈도관을 두었다. 사부학당이 세조 12년(1466년)에 사학(四學)으로 개칭되며 훈도관은 훈도로 명칭이 변경됐으며, 지방에도 훈도를 임명했다.

이러한 훈도는 중앙의 사학과 지방 향교에만 있었던 것은 아니고, 관청의 전문직에도 있었다. 예를 들면 호조에는 회계를 전문으로 하는 산학훈도(算學訓導)가 있었고, 형조에는 법률을 전문적으로 담당하는 율학훈도(律學訓導)가 있었다. 특히 조선 수군의 편제에서 훈도 또는 도훈도(都訓導)는 잘잘못을 가르쳐서 일을 잘하도록 가르치는 병사였다. 이런 훈도관은 각 군영에 소속된 최하급 관리 내지는 아전이라고 추측된다. 기패관보다는 낮은 신분으로 양반은 아니며, 중인이었다.

『풍천유향(風泉遺響)』[7]에 의하면 '도훈도는 글을 쓸 줄 알고 계산에 밝으며 활쏘기, 봉술 등의 무예를 익힌다.'라고 나와 있다. 『만기요람(萬機要覽)』에 의하면 도훈도는 임진왜란 당시에 판옥선 내에서 잡다한 행정 실무를 총괄하는 직책이었다. 이들이 전선 운행, 전투와 관련된 임무를 맡아보았던 것을 알 수 있다. 유성룡(柳成龍)의 『서애집』을 보면 도훈도는 지방 감영이나 병영에서 돈과 곡물의 출납을 맡은 하급관리였다고 나온다. 돈과 곡물의 출납을 정확히 하기 위해서는 반드시 산

7 『풍천유향』에 대하여는 『조선후기 국방론 연구』를 참조하기 바란다.

학을 알아야 했다. 따라서 이들이 바로 지방 관아나 병영에 배치된 산학자였음을 알 수 있다.

특히 임진왜란 당시 삼도수군통제사 겸 경상우수사 본영의 편제에는 16명의 도훈도가 있었다고 기록되어 있다.[8] 또 경상좌수영에 5명, 전라좌수영에 9명, 전라우수영에 6명, 충청수영에 4명의 도훈도를 배치한 것으로 기록되어 있다. 이들은 각 수영에서 산학과 관련된 잡다한 일을 처리하는 색리였고, 유사시에는 전투에 참가하는 병사이기도 했다. 그러므로 전선을 탔을 때는 산학자로서 배의 항로나 적선까지의 거리를 측량하는 역할도 했을 것이라는 추측을 자연스럽게 할 수 있다. 이와 같은 사실은 『난중일기(亂中日記)』에서도 확인할 수 있는데, 임진년 3월 20일에 도훈도를 문책했다는 구절이 있다.

2. 학익진

임진왜란은 당시 우리나라와 중국, 일본 세 나라 모두에게 피해가 컸던 국제전이었다. 임진년(1592년)에 시작되어 무술년(1598년)에 끝난 임진왜란은 결국 일본의 패전으로 끝났다. 왜군을 물리치기까지는 이순신의 역할이 매우 컸다. 특히 이순신은 임진왜란이 일어나던 해부터 전쟁이 끝나는 순간을 눈앞에 두고 노량해전에서 전사하기까지 있었던 여러 가지 일을 『난중일기』에 썼다. 이 책은 임진왜란을 이해하는

8 조인복의 『이순신전사연구』에 조선 수군의 편제와 인원, 배치된 관원과 병사 등이 자세히 기록되어 있다.

데 가장 중요한 자료다.

『수학으로 다시 보는 난중일기』에서는 『난중일기』와 이순신이 조정에 올린 장계(狀啓)에 나타난 '학익진(鶴翼陣)'에 대한 여러 가지 흥미로운 수학을 조선의 산학서를 바탕으로 설명했다. 이를 통하여 이순신은 해전에서 대충 어림짐작하여 적선을 공격하는 비과학적인 방법이 아니라 수학을 기초로 정확한 거리를 예측하고 일시에 적을 공격함으로써 완벽한 승리를 이끌어냈다는 것을 알 수 있다. 여기서 조선 수군이 첫 승리를 거둔 옥포해전과 임진왜란의 3대 대첩 중 하나인 한산대첩을 다시 한 번 살펴보자.

(1) 옥포해전 – 옥포파왜병장

이순신의 함대는 5월 4일[9] 전라좌수영을 출발하여 왜군과 첫 번째 격전을 벌이게 되는 옥포로 향했다. 당시 전투에 대한 내용은 이순신이 조정에 올린 장계인 '옥포파왜병장(玉浦破倭兵狀)'을 통해 알 수 있다. 이 장계에 다음과 같은 내용이 있다.

> (중략) 그 가운데 여섯 척은 선봉으로 달려 나오므로 내가 거느린 여러 장수들은 일심분발하여 모두 죽을힘을 다하니, 배 안에 있는 관리와 군사들도 그 뜻을 본받아 분발하여 서로 격려하며 죽음으로써 기약했다. 그리하여 양쪽으로 에워싸고 대들면서 대포를 쏘고 화살과 살탄을 쏘아

9 음력으로는 6월 13일이다.

대기를 마치 바람처럼, 천둥처럼 하자 적들도 조총과 활을 쏘다가 기운이 다하여 배 안에 있는 물건들을 바다에 내어 던지느라고 바빴다. (중략)

옥포만에 정박해 있던 왜군과의 해전에서 이순신은 대포와 화살 그리고 총통의 발사를 '바람처럼, 천둥처럼' 했다고 표현하고 있다. 이는 빠른 공격과 일시집중타[10]를 말한다. 훗날의 장계에 따르면 이순신은 옥포에서 사용한 전법을 '학익진'이라고 했다. 이순신은 이후로 학익진을 여러 가지 해전 상황에서 활용하여 전투를 승리로 이끌었다.

다음 그림은 옥포해전도다.[11]

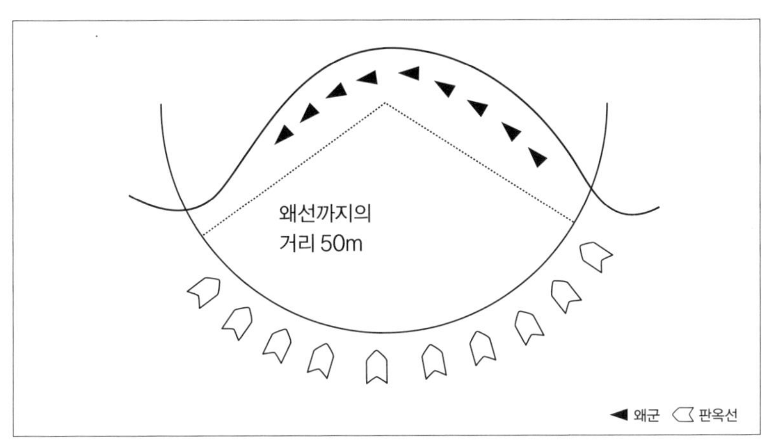

[그림 1] 옥포해전도

10 편현일제타방(片舷一濟打方) 또는 Salvo 사격법이라고 한다. 이는 현대 해전에서나 볼 수 있었던 것으로 훗날 세계사에서 세력의 지각변동을 가져오는 시발점이 됐다고 이순신역사연구회는 주장하고 있다.

11 이순신역사연구회의 『이순신과 임진왜란』에서 발췌한 것이다.

이 그림에서 보면 이순신은 당시 왜군 조총의 유효 사정거리인 50m 밖에서 대포와 화살 그리고 총통을 쐈음을 알 수 있다. 또 [그림 1]에서 보듯이 이순신의 함대는 왜군을 중심으로 부채꼴 모양으로 전개되어 있다. 장계의 표현대로 '바람처럼' 왜선단을 괴멸시키기 위해서 이순신은 조선 수군의 판옥선과 왜선 사이의 거리를 정확하게 알아야 했을 것이다. 바로 이 거리를 구할 수 있는 사람, 즉 산학자가 이순신의 휘하에 있었을 것이다. 그리고 앞의 조선 수군의 체계에서 보았듯이, 각 수영에 배치된 산학자였던 도훈도가 그 임무를 맡았음을 알 수 있다.

(2) 한산대첩 – 견내량파왜병장

한산대첩은 임진왜란의 판세를 뒤바꿔 놓았을 뿐만 아니라, 세계사를 통하여 '세계 해전사의 신화'로 전해지고 있다. 한산대첩은 한산도 앞바다에서 조선 수군과 왜군 각각 1만 명이 격돌한 중세기 최대 규모의 해전이었다. 그동안의 일은 '견내량파왜병장(見乃梁破倭兵狀)'으로 알 수 있는데, 이 장계에는 다음과 같은 '쌍학익진'에 대한 내용이 나온다.

(중략) 한산도는 사방으로 헤엄쳐 나갈 길이 없고, 적이 비록 뭍으로 오르더라도 틀림없이 굶어 죽게 될 것이므로 먼저 판옥선 대여섯 척으로 먼저 나온 적을 뒤쫓아서 엄습할 기세를 보이게 하니, 적선들이 일시에 돛을 달고 쫓아 나오므로 우리 배는 거짓으로 물러나면서 돌아 나오자, 왜적들이 따라왔다. 그때야 여러 장수들에게 명령하여 학익진을 펼쳐 일

시에 진격하여 각각 지자 · 현자 · 승자 등의 총통들을 쏘아서 먼저 두 세 척을 깨뜨렸다. 여러 배의 왜적들은 사기가 꺾여 물러나므로 여러 장수와 군사와 관리들이 승리한 기세로 흥분하며 앞다투어 돌진하며 화살과 화전을 잇달아 쏘아 대니 마치 바람처럼, 우레처럼 적의 배를 불태우고 적을 사살하기를 일시에 다 해치워 버렸다. (중략)

이순신은 왜군을 유인하여 견내량을 통과한 후에 한산도 앞바다에 이르렀다. 박기봉과 이순신역사연구회[12]에 의하면 왜군을 유인하던 이순신 함대는 한산도 앞바다에 이르자 갑자기 좌 · 우 · 중앙의 세 갈래로 분항(分航)하기 시작했다. 두 쪽으로 갈라진 함대의 좌우측 선수가 이내 왜선단을 향해 빠른 속도로 돌진하기 시작했고, 중앙부는 제자리에 멈췄다. 그러더니 이순신 함대는 양쪽 날개 쪽으로 펼치는 동시에 한산도 근처에 숨어 있던 또 다른 조선 수군의 함대가 왜군의 뒤를 막고 커다란 원을 그리게 됐다. 이는 마치 앞 · 뒤에서 학익진을 친 것과 같다고 하여 쌍학익진이라 하며 [그림 2]와 같은 대형을 이루었다.[13] 그리고 이순신은 원의 안쪽에 위치한 왜선단에게 각종 화기를 일시에 발사하여 왜선단을 괴멸시킨 것이다.

여기서 우리는 조선 수군이 발사한 각종 대포의 사정거리를 생각할 필요가 있다. 만약 조선 함대가 왜선까지의 거리를 정확히 알 수 없었

12 『충무공 이순신전서 1, 2, 3, 4권』과 『이순신과 임진왜란 1, 2, 3, 4권』을 참조하기 바란다.

13 이순신역사연구회의 『이순신과 임진왜란』에서 발췌한 것이다. 여기서 가운데 색칠된 두 척은 당파 전술을 구사하기 위해 적진에 뛰어든 거북선이다.

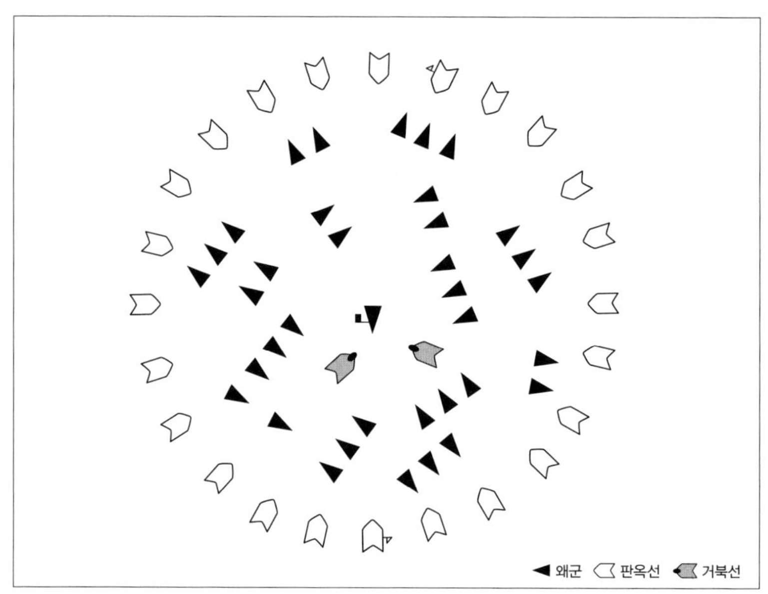

[그림 2] 한산도에서 펼쳐진 조선 함대의 쌍학익진

다면 조선 함대에서 쏜 포탄이 건너편 조선 함대의 배를 맞힐 수도 있었다. 따라서 왜선까지의 거리를 정확히 알아야 이순신의 장계에 있는 것과 같이 '바람처럼, 우레처럼 일시에' 적선을 깨뜨릴 수 있었다. 그리고 바다 한가운데서 거리를 측정하기 위해서는 반드시 수학을 이용해야만 했다.

3. 망해도술

조선의 산학자들은 거의 중인이었다. 그리고 조선 수군의 제도에서 각종 계산을 맡아본 도훈도들은 양반이 아닌 중인으로 하급관리였다. 이들은 배의 항해와 관련된 일을 하기도 했다. 이런 사실은 여러 가지

문헌으로 알 수 있다. 특히 임진왜란과 가까운 시기에 작성된 『동사록(東槎錄)』과 『동사일록(東槎日錄)』을 통하여 도훈도의 임무를 알 수 있다.

『동사록』은 숙종 8년(임술년, 1682년) 일본에 통신사를 파견한 임술사행(壬戌使行)에서 사신을 수행했던 역관(譯官) 홍우재가 일본 왕래까지의 여정과 사행임무 수행 과정 및 견문한 것을 기록해 놓은 통신사 일기다. 『동사일록』은 같은 일로 일본에 파견됐던 역관 김지남이 일기체로 쓴 기행문이다.[14] 『동사록』과 『동사일록』에는 사행에 관련된 여러 가지 일이 자세히 기록되어 있다. 특히 도훈도가 선장과 함께 배의 진행에 관한 여러 가지 일을 맡았다는 기록이 있다. 임술사행은 임진왜란이 일어나고 약 90여 년이 지난 뒤의 일이지만 도훈도의 역할은 임진왜란 때와 거의 같았을 것이다. 실제로 『난중일기』에서도 이순신이 도훈도를 벌하는 내용을 찾을 수 있다.

조선 수군의 도훈도는 각종 산학서로 거리를 측정하는 방법을 배웠

14 일본에 파견되는 사신의 일본견문록이 본격적으로 저술된 것은 세종 23년(1443년) 통신사 변효문(卞孝文)을 수행했던 서장관(書狀官) 신숙주(申叔舟)의 『해동제국기(海東諸國記)』다. 이후에 두 나라 사이에 여러 가지 현안 문제를 해결하기 위하여 사신을 파견했기 때문에 많은 견문록이 있을 법하다. 그러나 임진왜란 이전의 것은 현존하는 것이 거의 없으며 대부분이 임진왜란 이후의 것이다. 『동사록』의 저자인 홍우재(洪禹載)와 『동사일록』의 저자인 김지남(金指南)에 대해서는 알려진 것이 거의 없다. 두 책은 각자가 통신사의 임무를 수행한 숙종 8년(1682년, 임술년) 5월 4일부터 11월 14일 임무를 마치고 돌아올 때까지의 약 7개월 동안 일어난 일을 기록해 놓은 일기이다. 본 논문에서는 민족문화추진회에서 1967년 3월 발행한 『해행총재(海行摠載)』에 나타나 있는 『동사록』과 『동사일록』의 해제를 참조했다. 두 책을 통하여 알 수 있는 임술사행의 수행원은 모두 473명이다. 임술사행은 정사단(正使團), 부사단(副使團), 종사관단(從事官團)의 3단으로 편성됐으며, 통신사가 일본에 갈 때는 수군통제영과 경상좌수영에서 각기 배를 제공했다. 배는 인원(人員)이 타는 기선(騎船) 3척과 짐을 싣는 복선(卜船) 3척으로 선단이 편성됐으며, 제1선은 국서를 받은 정사(正使)와 그 수행이 타고, 제2선은 부사단, 제3선은 종사관단이 타도록 했다. 특히 제1선에는 도훈도(都訓導) 김지남(金起南)이, 제2선에는 도훈도 남석로(南碩老)가, 제3선에는 한학도훈도(漢學都訓導) 서수명(徐壽命)이 타고 사신을 수행했다.

을 것이다. 특히 앞에서 소개한 『묵사집산법』 『구수략』 『구일집』은 임진왜란 이후에 저술된 것이지만 그 이전의 산학서를 참고로 엮은 것이기 때문에 이 3권의 내용을 참조하면 그 해답을 얻을 수 있다.

이제 『구일집(지)』에 있는 닮은 직각삼각형 문제를 살펴보겠다. 직접적으로 바다에서 섬까지 또는 배에서 배까지의 거리를 측량하는 문제가 없더라도 이와 같은 방법으로 원하는 거리를 측량했을 것이다. 조선 산학자들은 기존에 주어진 문제를 예제로 삼아 비슷한 문제를 해결했기 때문이다.

『구일집(지)』의 '망해도술문'에는 6개의 문제가 수록되어 있는데, 모두 두 개의 직각삼각형의 닮음을 이용하여 거리나 높이를 측량하는 것이다. 여기서는 그 가운데 하나만 소개한다.

문제 지금 바다에 섬이 있으나 그 높이와 거리를 모른다. 이제 4장의 푯말을 세우고 70장을 물러서서 다시 4자의 짧은 푯말을 세워 바라보니 두 개의 푯말의 끝과 섬 봉우리 끝이 직선으로 보였다. 여기서[15] 600장을 물러서서 다시 4장의 푯말을 세우고 72장을 물러서서 다시 4자의 짧은 푯말을 세워 바라보니 두 푯말의 끝과 섬 봉우리의 끝이 직선으로 보였다. 섬의 높이와 섬까지의 거리는 얼마인가?

15 여기란 첫 번째 푯말이 놓인 곳을 말한다. 문제의 표현이 부정확하게 되어 있는데, 600장은 두 개의 4장 푯말 사이의 거리이다.

답 섬의 높이 6리 4장, 섬까지의 거리 116리 120장.

풀이 푯말 높이 4장에서 짧은 푯말 4자를 뺀 나머지는 3장 6자이다. 여기서 두 푯말 사이의 거리 600장을 곱한다(2,160장). 이것을 실로 한다. 별도로 뒤의 푯말에서 물러선 72장에서 앞의 푯말에서 물러선 70장을 뺀 나머지는 2장이다. 이것을 법으로 하여 실을 나누면 1,080장을 얻는다. 여기서 푯말 높이 4장을 더하여 얻은 수(1,084장)가 섬의 높이이다. 리로 고치면 6리 4장이다. 이때 1리는 360보이므로 180장이다. 또 푯말 사이의 거리 600장에 앞 푯말에서 물러난 70장을 곱하여 얻은 42,000장을 역시 앞의 법(2장)으로 나눈다(21,000장). 이것을 리로 고치면(180장으로 나눈다) 섬까지의 거리는 116리 120장이다.

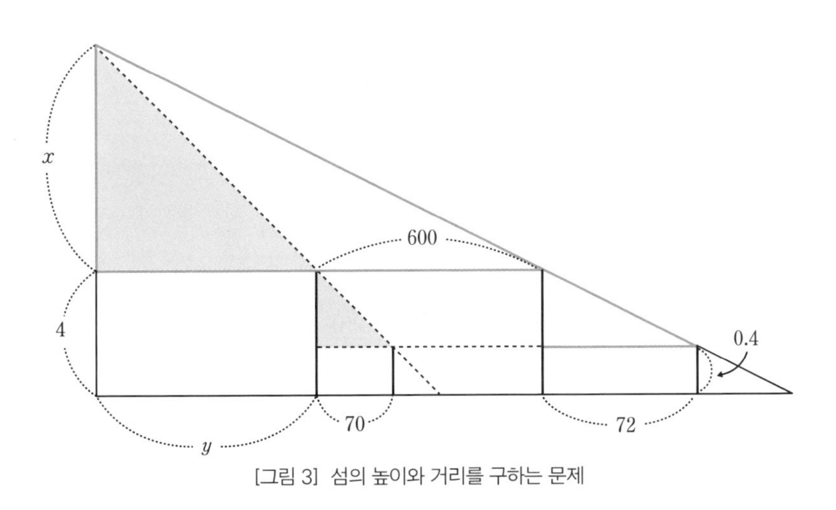

[그림 3] 섬의 높이와 거리를 구하는 문제

이 문제에서 길이가 4장인 푯말에서 섬의 봉우리 끝까지의 길이를

x, 첫 번째 푯말에서 섬까지의 거리를 y라고 하고 그림으로 나타내면 [그림 3]과 같다.

문제에서와 같이 두 개의 푯말을 세워서 얻은 값의 차를 이용하는 문제를 '중차'라 한다. [그림 3]에서 두 쌍의 닮은 직각삼각형을 찾을 수 있다. 따라서 다음과 같은 비례식을 얻을 수 있다.

$$x : y = (4-0.4) : 70$$
$$x : (y+600) = (4-0.4) : 72$$

위의 두 식으로부터 다음과 같은 연립일차방정식을 얻을 수 있다.

$$\begin{cases} 70x = 3.6y \\ 72x = 3.6(y+600) \end{cases}$$

이 연립일차방정식을 풀면 다음을 얻는다.

$$x = \frac{3.6 \times 600}{72-70} = 1080$$

$$y = \frac{70 \times x}{3.6} = \frac{70 \times 1080}{3.6} = 21000$$

따라서 섬의 높이는 $x+4=1,084$장이고 섬까지의 거리는 21,000장이다. 1리가 180장이므로 이것을 180으로 나누면 각각 섬의 높이는 6리 4장이고, 섬까지의 거리는 116리 120장이다.

『난중일기』에는 다음과 같이 왜선의 크기를 짐작케 하는 내용이 여러 번 등장한다.[16]

> 6월 5일 아침에 출항하여 고성 땅 당항포에 이르니, 왜놈의 큰 배 한 척이 판옥선과 같은데, 배 위에 누각이 높고 그 위에 적장이 앉아서 중간 배 12척과 작은 배 20척(계 32척)을 거느렸다. 한꺼번에 쳐서 깨뜨리니[17] 활에 맞아 죽은 자가 부지기수요, 왜장의 모가지도 일곱이나 베었다. 나머지 왜놈들은 뭍으로 올라 달아나는데, 그 수는 얼마 되지 않았다. 우리 군사의 기세를 크게 떨치었다.

이는 왜군의 대장선을 묘사한 것으로 왜선 가운데 가장 높고 컸다. 『난중일기』나 여러 장계에서 알 수 있듯이 이순신은 왜선을 공격할 때 이와 같이 생긴 대장선을 먼저 공격했다. 이로 미루어 조선 수군으로부터 이 대장선까지의 거리를 앞에서와 같은 산학서의 내용을 바탕으로 구하여 각종 화포로 공격을 개시했음을 짐작할 수 있다.

16 이 날은 한산대첩을 시작하기 위하여 출항하는 날이었다.

17 이 일에 대하여 장계의 내용은 "우리의 위세를 본 왜적은 철환을 싸라기눈이나 우박이 퍼붓듯 마구 쏘는데, 여러 전선이 포위하고 먼저 거북선을 돌진시켜 천자 · 지자총통을 쏘아 적의 대선을 꿰뚫게 하고 여러 전선이 서로 번갈아 드나들며 총통과 철환을 우레처럼 쏘면서 한참동안 접전하여 우리의 위세를 더욱 떨쳤다."라고 되어 있다.

Ⅳ. 결론

이순신의 학익진은 조선 수군의 주력 전선인 판옥선이 왜선의 조총이나 화포의 사정거리 밖에서 부채꼴을 이루고, 부채꼴의 중심에 있는 왜선단을 향해 화포를 쏘아 괴멸시키는 전법이다. 원래 학익진은 육군의 전술 대형이었다. 이순신이 해전에서 이 전술을 이용한 것은 조선 수군의 주력 무기인 각종 화포를 효율적으로 활용하기 위해서였다. 학익진은 여러 화포를 한꺼번에 발사하여 명중률을 높이고 화력을 계속 유지할 수 있는 전법이다.

우리나라의 전선인 판옥선과 거북선은 배의 밑부분이 평평하다. 우리나라 해안은 동해와 남해 일부를 제외하고 대부분 밀물과 썰물의 차가 심하다. 따라서 배 밑이 평평해야 밀물을 타고 포구로 들어왔다가 썰물 때는 그대로 갯바닥에 내려앉듯 머물 수 있다. 거북선은 판옥선을 개조하여 철갑을 두른 것이므로 판옥선과 마찬가지로 밑은 평평하다. 이와 같은 전선의 구조적 특징과 해안의 특징을 잘 결합한 것이 바로 학익진이다.

학익진을 펼칠 때, 화포를 재빨리 발사하는 것이 작전의 성공 여부를 결정했다. 조선 시대의 화포는 한 번 발사하면 다시 발사하기까지 많은 시간이 필요했다. 판옥선에는 많은 수의 화포가 장착되어 있었는데, 먼저 정면에 위치한 화포를 발사하고 배를 옆으로 돌려 좌현 또는 우현에 있는 화포를 발사했다. 이때 정면에 있는 화포는 재빨리 다음 발사를 준비하게 했다. 마찬가지로 정면에 있는 화포를 발사하는 동안에는 좌우에 있는 화포의 발사를 준비하면 배를 돌려 쉬지 않고 지속적인 공격을 할 수 있었다. 이는 판옥선의 바닥이 평평하기 때문이었다.

한편, 위와 같은 일시집중타를 실현하기 위해서는 무엇보다도 판옥선으로부터 왜선까지의 거리를 정확히 알아야 그 거리에 맞는 화포를 발사할 수 있었다. 이순신의 장계에서 알 수 있듯이 조선 수군은 왜군과의 전투에서 '바람처럼' 일시에 승리로 이끌었다. 이는 수학을 이용한 정확한 거리 측량이 반드시 필요한 대목이다. 그러나 안타깝게도 지금까지 이 부분에 대한 연구는 전혀 없었다. 이는 아마도 조선 수학의 이해에 대한 부족에서 기인한 것 같다.

앞에서 우리는 이순신이 학익진을 성공적으로 펼 수 있었던 배경 중 하나로 조선의 산학에 대하여 알아보았다. 그리고 『구일집(지)』의 '망해도술문'에 제시된 문제로부터 조선 수군에 배치된 산학자가 거리를 측량했음을 알 수 있었다. 조선 시대에는 거리를 측량하는 방법을 '망해도술문'의 이름을 따서 '망해도술' 또는 '망해도법'이라고 불렀다. 이 방법은 닮은 두 직각삼각형의 닮음비를 이용하여 원하는 두 지점 사이의 거리를 구하는 방법이다. 비록 도형의 닮음에 대한 여러 가지 성질이 오늘날에는 쉬운 내용일지라도 그 당시에는 몇몇 산학자와 산학에 관심이 있었던 양반만이 이해할 수 있는 매우 어려운 수학이었다. 그래서 각 병영이나 관청마다 각종 계산을 전문적으로 할 수 있는 도훈도를 두었던 것이다.

도훈도는 학익진에서 닮음비를 사용하여 거리를 측량했던 산학자였다. 그리고 이와 같은 임무를 부여받은 도훈도를 각 군영과 관청에 고정적으로 배치했다는 것은 조선 시대에도 산학의 필요성과 중요성을 알고 있었다는 것을 말해 준다.

조선 후기로 갈수록 실학으로써의 산(算)에 대한 행정적인 필요는 증가했지만, 수 자체에 관한 이론 즉 순수수학에 속하는 연구는 발전하지 못했다. 조선은 임진왜란이 끝나고 차츰 안정되어 갔지만 학익진과 같은 전법을 발전시킬 학문적 연구는 과학을 경시하는 전통적인 태도로 인하여 점차 빛을 잃어 갔다. 결국 실학기의 수학을 포함한 과학도 근본적으로 이러한 전통적인 기술관에서 벗어나지 못했다.

조선 시대 산학제도에서 훈도라는 하급관리가 중앙이나 지방 향교, 관아에 있었다. 그리고 수군의 조직에도 도훈도가 있었다. 그들이 각종 계산을 담당했음을 여러 가지 자료를 통하여 알 수 있다. 또 조선의 산학서에 멀리 바다에서 섬까지의 거리를 구하는 망해도술이 있었음도 알았다. 이를 종합하면 임진왜란 당시 이순신은 뛰어난 전술과 탁월한 지도통솔력에 의한 용병 작전으로 왜군과의 해전에서 항상 승리했고, 그 뒷받침에는 조선의 특수한 수군 제도와 거북선 및 화포와 같은 병기가 있었음을 알 수 있다. 아울러 판옥선과 왜선 사이의 거리를 정확히 측량하여 화포의 명중률을 높여 일시집중타로 전투를 승리로 이끈 밑바탕에 조선의 중인 계급이었던 산학자가 있었음을 알 수 있다.

| 참고문헌 |

경선징, 유인영 · 허민 옮김, 『묵사집산법 천 · 지 · 인』, 교우사, 2006.

김정진 · 남경환, 『신화에서 역사로 거북선』, 랜덤하우스, 2007.

김지남, 『동사일록』, 재단법인 민족문화추진회, 민문고, 1989.

김용운 · 김용국, 『수학사대전』, 도서출판 우성, 1979.

김용운 · 김용국, 『한국수학사』, 살림Math, 2009.

나종우, 「조선 수군의 무기체계와 전술 구사」, 『한일관계사연구』 10, 1999, pp. 85~100.

문화재청, 『충무공유사』, 현충사관리소, 2008.

박기봉, 『충무공 이순신전서 1, 2, 3, 4권』, 비봉출판사, 2006.

백인기, 『조선후기 국방론 연구』, 혜안, 2004.

박재광, 「임진왜란기 화약병기의 도입과 전술의 변화」, 『학예집』 4, 1995, p. 95, p. 121.

박진철, 「고문서로 본 17세기 조선 수군 전선의 무기체계」, 『영남학』 16호, 2009, pp. 449~489.

변도성 · 이민웅 · 이호정, 「명량대첩 당일 울돌목 조류 · 조석 재현을 통한 해전 전개 재해석」, 『한국군사과학기술학회지』 14권 2호, 2011, pp. 189~197.

서영보 · 심상규, 『만기요람』, 재단법인 민족문화추진회, 민문고, 1984.

유성룡, 『서애집』, 재단법인 민족문화추진회, 민문고, 1982.

이순신역사연구회, 『이순신과 임진왜란 1, 2, 3, 4권』, 비봉출판사, 2007.

장혜원, 『산학서로 보는 조선수학』, 경문사, 2006.

정명섭 외 4명, 『조선전쟁 생중계』, 북하우스, 2011.

조성진, 「시뮬레이션을 이용한 역사적 전투사례의 승패요인 분석 : 임진왜란시 명량대첩 사례연구」, 『경영과학』 27권 1호, 2010, pp. 61~73.

조원래, 「임란초기 해전의 실상과 조선 수군의 전력」, 『조선 시대사학보』 29권, 2004, pp. 75~104.

조인복, 『이순신전사연구』, 명양사, 1964.

최두환, 『새 번역, 난중일기』, 학민사, 1996.

최석정, 정해남 · 허민 옮김, 『구수략 건 · 곤』, 교우사, 2006.

홍우재, 『동사록』, 재단법인 민족문화추진회, 민문고, 1989.

홍정하, 강신원 · 장혜원 옮김, 『구일집 천 · 지 · 인』, 교우사, 2006.

수학으로 다시 보는 난중일기

펴낸날 초판 1쇄 2016년 8월 10일
초판 3쇄 2018년 8월 16일

지은이 이광연
펴낸이 심만수
펴낸곳 (주)살림출판사
출판등록 1989년 11월 1일 제9-210호

주소 경기도 파주시 광인사길 30
전화 031-955-1350 팩스 031-624-1356
홈페이지 http://www.sallimbooks.com
이메일 book@sallimbooks.com

ISBN 978-89-522-3457-5 43410
살림Friends는 (주)살림출판사의 청소년 브랜드입니다.

※ 값은 뒤표지에 있습니다.
※ 잘못 만들어진 책은 구입하신 서점에서 바꾸어 드립니다.
※ 이 책의 표지에 사용된 그림은 〈십경도(十景圖)〉 중 명량대첩을 그린 것으로, 문화재청 현충사 관리소에서 제공해 주었습니다.

이 도서의 국립중앙도서관 출판시도서목록(CIP)은 서지정보유통지원시스템 홈페이지(http://seoji.nl.go.kr)와 국가자료공동목록시스템(http://www.nl.go.kr/kolisnet)에서 이용하실 수 있습니다.(CIP제어번호: CIP2016018246)